21世纪新概念全能实战规划教材

中文版
CorelDRAW
2022
基础教程

江奇志◎编著

北京大学出版社
PEKING UNIVERSITY PRESS

内 容 简 介

CorelDRAW是一款应用广泛且功能强大的平面设计软件,是平面设计与印刷工作中常用的软件之一,在视觉传达设计制作方面深受用户的喜爱。

本书以案例为引导,系统并全面地讲解了 CorelDRAW 2022 图形处理与设计的相关功能与技能应用,内容包括 CorelDRAW 2022 基础知识、对象的绘制与基本操作、不规则图形的绘制与编辑、对象的填充与轮廓笔的使用、对象的编辑、特效工具的使用、文本与表格的编排、位图处理与滤镜效果应用、设计图形的打印与印刷等。本书的最后还安排了一章商业案例实训的内容,通过学习该章,读者可以提升 CorelDRAW 2022 图形处理与设计的综合实战技能水平。

本书内容安排由浅入深,语言通俗易懂,实例题材丰富多样,每个操作步骤的介绍都清晰准确,特别适合广大职业院校及计算机培训学校作为相关专业的教材,同时也适合作为广大 CorelDRAW 2022 初学者、设计爱好者的学习参考书。

图书在版编目(CIP)数据

中文版CorelDRAW 2022基础教程 / 江奇志编著. —北京:北京大学出版社,2023.9
ISBN 978-7-301-34251-0

Ⅰ.①中… Ⅱ.①江… Ⅲ.①图形软件 – 教材 Ⅳ.①TP391.412

中国国家版本馆CIP数据核字(2023)第137956号

书 名	中文版CorelDRAW 2022基础教程
	ZHONGWENBAN CorelDRAW 2022 JICHU JIAOCHENG
著作责任者	江奇志 编著
责 任 编 辑	王继伟 刘羽昭
标 准 书 号	ISBN 978-7-301-34251-0
出 版 发 行	北京大学出版社
地 址	北京市海淀区成府路205 号 100871
网 址	http://www.pup.cn 新浪微博: @ 北京大学出版社
电 子 信 箱	编辑部 pup7@pup.cn 总编室 zpup@pup.cn
电 话	邮购部 010–62752015 发行部 010–62750672 编辑部 010–62570390
印 刷 者	北京圣夫亚美印刷有限公司
经 销 者	新华书店
	787毫米×1092毫米 16开本 19.75印张 475千字
	2023年9月第1版 2023年9月第1次印刷
印 数	1–3000册
定 价	69.00元

CorelDRAW 是一款应用广泛且功能强大的矢量图绘制与编辑软件，是平面设计与印刷工作中常用的软件之一，在视觉传达设计制作方面深受用户的喜爱。

本书内容介绍

本书以案例为引导，系统并全面地讲解了 CorelDRAW 2022 图形处理与设计的相关功能与技能应用，内容包括 CorelDRAW 2022 基础知识、对象的绘制与基本操作、不规则图形的绘制与编辑、对象的填充与轮廓笔的使用、对象的编辑、特效工具的使用、文本与表格的编排、位图处理与滤镜效果应用、设计图形的打印与印刷。本书的第 10 章是商业案例实训，通过学习该章，读者可以提升 CorelDRAW 2022 图形处理与设计的综合实战技能水平。

本书特色

由浅入深，易学易懂。本书内容安排由浅入深，语言通俗易懂，实例题材丰富多样，每个操作步骤的介绍都清晰准确，特别适合广大职业院校及计算机培训学校作为相关专业的教材用书，同时也适合作为广大 CorelDRAW 2022 初学者、设计爱好者的学习参考书。

内容全面，图解操作。本书在写作方式上，采用"步骤讲述＋配图说明"的方式编写，操作简单明了，浅显易懂。本书附赠多媒体辅助教学资源，包括书中所有案例的素材文件与最终效果文件。同时本书还配有与书中内容同步的多媒体教学视频，让读者像看电视剧一样，轻松学会 CorelDRAW 2022 的图形处理与设计技能。

案例丰富，实用性强。本书安排了 26 个"课堂范例"，帮助初学者认识和掌握相关工具、命令的应用；安排了 23 个"课堂问答"，为初学者排解学习过程中可能遇到的疑难问题；安排了 9 个"上机实战"和 9 个"同步训练"综合案例，帮助初学者提升实战技能水平；第 1～9 章后面安排了"知识能力测试"习题，认真完成这些习题，可以巩固所学知识技能。

本书知识结构

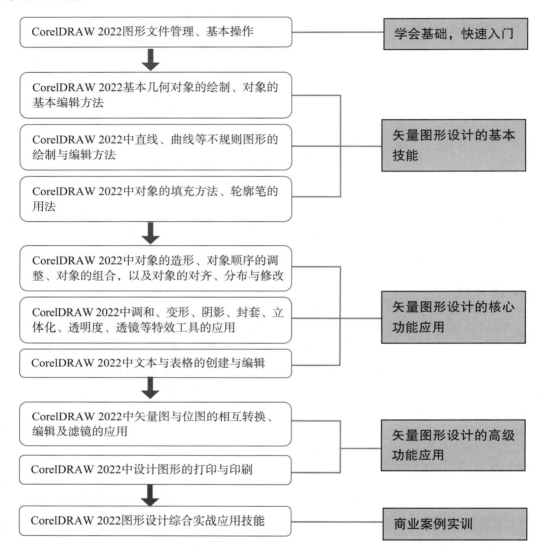

CorelDRAW 2022图形文件管理、基本操作 ——— 学会基础，快速入门

CorelDRAW 2022基本几何对象的绘制、对象的基本编辑方法

CorelDRAW 2022中直线、曲线等不规则图形的绘制与编辑方法

CorelDRAW 2022中对象的填充方法、轮廓笔的用法

矢量图形设计的基本技能

CorelDRAW 2022中对象的造形、对象顺序的调整、对象的组合，以及对象的对齐、分布与修改

CorelDRAW 2022中调和、变形、阴影、封套、立体化、透明度、透镜等特效工具的应用

CorelDRAW 2022中文本与表格的创建与编辑

矢量图形设计的核心功能应用

CorelDRAW 2022中矢量图与位图的相互转换、编辑及滤镜的应用

CorelDRAW 2022中设计图形的打印与印刷

矢量图形设计的高级功能应用

CorelDRAW 2022图形设计综合实战应用技能 ——— 商业案例实训

教学课时安排

　　本书综合讲解了CorelDRAW 2022 软件的功能应用，现给出本书教学参考课时（共 56 个课时），主要包括老师讲授 34 课时和学生上机 22 课时两部分，具体如下表所示。

章节内容	课时分配	
	老师讲授	学生上机
第 1 章　CorelDRAW 2022 基础知识	2	1
第 2 章　对象的绘制与基本操作	3	2
第 3 章　不规则图形的绘制与编辑	4	2
第 4 章　对象的填充与轮廓笔的使用	3	2
第 5 章　对象的编辑	3	2
第 6 章　特效工具的使用	4	2
第 7 章　文本与表格的编排	3	2
第 8 章　位图处理与滤镜效果应用	4	3
第 9 章　设计图形的打印与印刷	2	1
第 10 章　商业案例实训	6	5
合计	34	22

学习资源与下载说明

本书附赠相关学习资源和教学视频，具体内容如下。

1. 素材文件

指本书中所有章节实例的素材文件。读者可以参考书中讲解内容，打开对应的素材文件进行同步操作练习。

2. 结果文件

指本书中所有章节实例的最终效果文件。读者可以打开结果文件，查看其实例效果，为自己在学习中的练习操作提供参考。

3. 视频教程

本书为读者提供了长达 13 小时与书同步的视频教程。读者可以打开每章的视频教程进行学习，并且每个视频教程都有语音讲解，非常适合无基础读者学习。

4. PPT 课件

本书为老师提供了 PPT 课件，方便教学使用。

5. 习题及答案

本书提供 3 套"知识与能力总复习题"，便于读者检测对本书内容的掌握情况；提供第 1 ~ 9 章后面的"知识能力测试"及 3 套"知识与能力总复习题"的参考答案。

6. 其他赠送资源

本书为了提高读者对软件的实际应用能力，综合整理了设计软件在不同行业中的学习指导，方便读者结合其他软件灵活应用设计技巧。

温馨提示：以上资源，请用手机微信扫描下方二维码关注微信公众号，输入本书 77 页的资源下载码，获取下载地址及密码。

创作者说

本书由有 20 年一线设计经验和教学经验的江奇志副教授编写。在本书的编写过程中，我们竭尽所能地为您呈现最好、最全的实用功能，但仍难免有疏漏和不妥之处，敬请广大读者不吝指正。

CONTENTS 目 录

第9章 设计图形的打印与印刷

第10章 商业案例实训

CorelDRAW 2022

第1章
CorelDRAW 2022基础知识

CorelDRAW是平面设计和印刷工作中常用的设计软件，具有非常强大的功能，是广大平面设计师经常使用的软件之一，在视觉传达设计制作方面深受广大用户的喜爱。

学习目标

- 了解CorelDRAW 2022的新功能
- 认识CorelDRAW的工作界面
- 熟悉图形设计的基本概念与文件格式
- 掌握页面设置与管理的方法
- 掌握绘图辅助设置的方法
- 掌握视图控制的方法

1.1 认识CorelDRAW 2022

CorelDRAW是一款通用且强大的平面设计软件，其丰富的内容环境、专业的平面设计功能和照片编辑与网页设计功能，可以让创意有无限的可能。

1.1.1 CorelDRAW 2022概述

CorelDRAW是加拿大Corel公司推出的一款平面设计软件，截至本书编写完成时的最新版本为CorelDRAW 2022。通过对绘图工具和图形处理功能的不断完善，CorelDRAW由单一的矢量绘图软件发展成了全能绘图软件包。

1.1.2 CorelDRAW 2022新增功能

CorelDRAW 2022 的更新主要体现在几个泊坞窗的改进上。

1. 改进页面泊坞窗

【页】泊坞窗中的缩略图预览经过改进，简化了页面处理流程。

* 在活动页面后快速插入页面，无需手动重新排列页面，如图 1-1 所示。
* 在多页视图中以交互方式调整页面大小，就像它们是标准的矩形对象一样。要从中心调整页面大小，只需按住【Shift】键的同时拖曳鼠标指针，如图 1-2 所示。切换到多页视图后，系统会自动缩放以显示所有页面；切换到单页视图后，系统会自动缩放以适应绘图窗口中的活动页面。

图 1-1　快速插入页面

图 1-2　快速调整页面大小

* 在【创建新文档】对话框中，有页面视图选项，如图 1-3 所示。单击【OK】按钮，可在页面左上角看到页面序号，如图 1-4 所示。

图 1-3 页面视图选项

图 1-4 页面序号

2.改进学习泊坞窗

原有的【提示】泊坞窗改为了【学习】泊坞窗，除了保留的提示功能（单击工具，就会提示用法，如图 1-5 所示），还可以在其中搜索学习资源和工具，帮助用户快速熟悉软件功能，如图 1-6 所示。针对不同经验的用户，它可以推荐不同的教程，用户也可以根据自己的喜好，对教程进行筛选。

3.改进导出泊坞窗

在之前的版本中，要导出文件中的某个对象，只能在导出时勾选【只是选定对象】复选框，若要单独导出一个文件中的多个对象，效率很低。而通过【导出】泊坞窗则可一次性导出多个对象，而且可以对对象进行增删，修改要导出的格式或设置等，如图 1-7 所示。

另外，CorelDRAW 2022 还增强了【资产】泊坞窗的功能，增强了套件中 Photo-Paint 的图像调整功能等。

图 1-5 用法提示　　　　图 1-6 搜索学习资源和工具

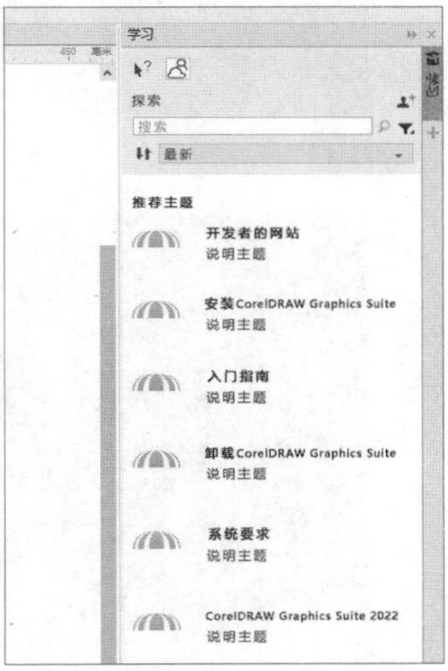

图 1-7 【导出】泊坞窗

1.1.3 CorelDRAW 2022应用领域

CorelDRAW 2022 广泛应用于矢量插图、产品设计、广告设计、排版设计等领域，效果展示如图 1-8、图 1-9、图 1-10、图 1-11 所示。

图 1-8 矢量插图

图 1-9 产品设计

图 1-10 广告设计　　　　　　　　　　　　　　图 1-11 排版设计

1.2 CorelDRAW的工作界面

启动CorelDRAW后，单击【新建图形】图标，即可进入工作界面。

CorelDRAW 的工作界面主要包含标题栏、菜单栏、标准栏、属性栏、工具箱、页面控制栏、调色板、标尺、状态栏，如图 1-12 所示。

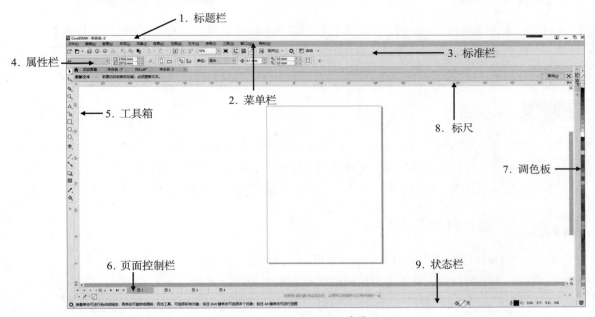

图 1-12　CorelDRAW 工作界面

1.2.1　标题栏

标题栏位于整个窗口的顶部，显示应用程序名称和当前文件名。标题栏右侧有窗口最小化、窗口最大化和关闭窗口三个按钮，用于控制窗口的显示大小。

1.2.2　菜单栏

菜单栏包含了 CorelDRAW 的大部分命令，用户可以直接通过菜单项选择需要执行的命令。

当鼠标指针指向主菜单中的某项后，该项会变亮，单击即会显示相应的下拉菜单。在下拉菜单中上下移动鼠标指针，当要选择的菜单项变亮时，单击鼠标左键，即可执行相应命令。如果菜单项右侧有【…】符号，执行此项后将弹出与之有关的对话框；如果菜单项右侧有 ▶ 符号，表示还有下一级子菜单，如图 1-13 所示。

1.2.3 标准栏

标准栏中集合了一些常用的功能命令，用户只需要将鼠标指针放置在某个按钮上，然后单击鼠标左键，即可执行相应命令。通过标准栏，可以大大简化操作步骤，从而提高工作效率。

1.2.4 属性栏

属性栏提供控制对象属性的选项，其内容根据所选的工具或对象的不同而变化，它显示对象或工具的有关信息及可进行的编辑操作等。

1.2.5 工具箱

图 1-13　下拉菜单

工具箱默认位置为窗口的最左侧，包含CorelDRAW的所有绘图命令，其中每一个按钮都代表一个工具，只需将鼠标指针放置在某个按钮上，然后单击鼠标左键即可执行相应命令。其中一些按钮右下角显示有黑色的小三角，表示该工具包含子工具组，单击黑色小三角，即会弹出子工具栏。

1.2.6 页面控制栏

CorelDRAW可以在一个文档中创建多个页面，并通过页面控制栏查看每个页面的情况。右击页面控制栏或单击 ▼ 按钮，会弹出如图 1-14 所示的快捷菜单，选择其中的命令即可进行相应的页面操作。

图 1-14　页面控制栏

1.2.7 调色板

调色板位于窗口的右侧，默认呈单列显示，默认的调色板是根据CMYK色彩模式设定的。

使用调色板时，在选取对象的前提下单击调色板上的颜色可以为对象填充颜色；右击调色板上的颜色可以为对象添加轮廓线颜色。如果在调色板中的某种颜色上按住鼠标左键并等待几秒钟，CorelDRAW 将显示一组（7×7）与该颜色相近的颜色，用户可以从中选择更多的颜色。

状态栏上方有一个【文档调色板】，它可以记录编辑一个图形文件过程中使用过的颜色，非常有助于提高工作效率。

技能拓展

调色板上方的 ☒ 按钮表示无色，单击该按钮可以删除选取对象的填充颜色，右击该按钮可以删除选取对象的轮廓线颜色。

1.2.8 标尺

执行【查看】→【标尺】命令，可以显示标尺，也可以按快捷键【Alt+Shift+R】显示/隐藏标尺。标尺可以帮助用户确定图形的位置，它由水平标尺、垂直标尺和原点三个部分组成。在标尺上按住鼠标左键并拖曳到绘图工作区，即可添加辅助线。

> **技能拓展**
>
> 标尺原点默认在页面左下角，按住鼠标左键拖曳标尺左上角可以更改原点，如图1-15所示，双击标尺左上角可以复位原点。

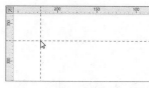

图1-15 更改标尺原点

1.2.9 状态栏

状态栏位于窗口的底部，分为左右两部分，左侧部分可以根据需要设置显示内容，单击 ⚙ 可设置"工具提示""对象细节""光标坐标"或"文档颜色设置"；右侧部分显示所选对象的填充颜色、轮廓线颜色和宽度。执行【窗口】→【工具栏】→【状态栏】命令，可以关闭状态栏。

图1-16 设置状态栏左侧显示内容

1.3 图形设计中的基本概念

认识CorelDRAW的工作界面后，用户还要掌握图形绘制与设计中的一些重要的基本概念：矢量图与位图、常用文件格式、常用色彩模式等。

1.3.1 矢量图与位图

1. 矢量图

矢量图又称为向量图形。矢量文件中的图形元素称为对象，每个对象都是一个自成一体的实体，具有颜色、形状、轮廓、大小和屏幕位置等属性。矢量图的最大优点是分辨率独立，无论怎样放大和缩小，都不会使图像失去光滑感，在打印输出时会自动适应打印设备的最高分辨率。图1-17所示为一幅矢量图和对其局部进行放大后的效果。

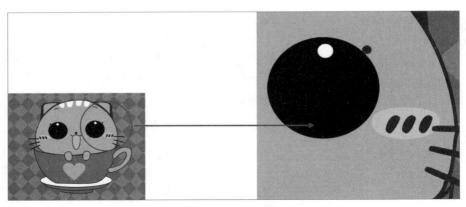

图 1-17　矢量图局部放大效果

2. 位图

位图（Bitmap）直译为点阵图，意译为像素图。计算机屏幕上的图像是由屏幕上的发光点（像素）构成的，这些点是离散的，类似于矩阵。多个像素点组合就形成了图像。

位图放大到一定限度时，我们会发现它是由一个个小方格组成的，这些小方格即像素点，像素点是图像中最小的图像元素。在处理位图图像时，所编辑的是像素点而不是对象或形状，它的大小和质量取决于图像中像素点的多少，每英寸图像中所含像素点越多，图像越清晰，颜色之间的过渡也越平滑。计算机存储位图图像实际上是存储图像的各个像素点的位置和颜色数据等信息，所以图像越清晰，像素点越多，相应的存储容量也越大。

位图表现力强、细腻、层次多、细节多，但是对图像进行放大时，图像会变模糊。图 1-18 所示为一幅位图和对其局部进行放大后的效果。

图 1-18　位图局部放大效果

1.3.2　常用文件格式

CorelDRAW 支持 CDR、AI、WMF、DWG 等矢量图格式和 JPEG、TIFF、GIF、BMP 等位图格式，导出图像时可以在【保存绘图】或【导出】对话框中的【保存类型】下拉列表中选择所需的文件格式，如图 1-19 所示。下面介绍其中几种常用的文件格式。

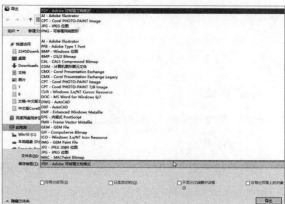

图 1-19　【保存绘图】及【导出】对话框

保存的图像通常是矢量图格式，导出的图像通常是非矢量图格式。AI、PDF、CMX、DWG、DXF 等格式既可以保存也可以导出。

1. JPEG 格式

JPEG 格式又称 "JPG"，是最常用的图像格式，被绝大多数图形图像软件或浏览器支持，网页上的大多数图像为此格式。如果既要图像质量高又要文件小，就可以使用 JPEG 格式。但是对于需要进行输出打印的图像，最好不要使用 JPEG 格式，因为使用 JPEG 格式保存的图像经过高倍率的压缩，会丢失部分数据，成像质量较低。

2. BMP 格式

BMP 格式即 "Bitmap" 的简写。它采用位映射存储格式，除了图像深度可选，不进行其他任何压缩，因此 BMP 文件占用的空间很大。BMP 格式是 Windows 环境中交换与图像有关的数据的一种标准，因此在 Windows 环境中运行的图形图像软件都支持 BMP 格式。BMP 格式也可以在 PC 和 Macintosh 机上通用。

3. GIF 格式

GIF 格式是输出图像到网页的一种常用格式，它支持动画和透明背景。GIF 格式可以用 LZW 压缩，从而使文件占用较小的空间。如果导出图像为 GIF 格式，图像将会转换为调色板色（索引）模式，色彩数目将转为 256 或更少。

4. PNG 格式

PNG 格式是专门为 Web 创造的，是一种将图像压缩到 Web 上的文件格式，分为 PNG-8 和 PNG-24 两种，前者与 GIF 格式相似，支持动画；后者与 JPEG 格式相似，支持连续调照片和透明背景，缺点是文件大，且不是所有浏览器都支持。

5. CDR 格式

CDR 格式为 CorelDRAW 标准格式，存储源文件即用这种格式。

6. AI 格式

AI格式为矢量图软件 Adobe Illustrator 的标准格式，能与很多软件进行数据交换。

7. DWG 格式

DWG格式为工程制图软件 AutoCAD 的标准格式。另外，DXF格式是 AutoCAD 专门用于与其他软件进行数据交换的格式。

8. WMF 格式

WMF格式是微软公司定义的一种 Windows 平台下的图形文件格式，能在 Windows 系统下的图形图像软件中通用。

9. PDF 格式

Portable Document Format（可携带文件格式）支持网页、打印、印刷，可以跨平台传输，相较于其他文件格式，PDF格式的数据不会被他人更改，是行政文件、电子书、电子合同、电子说明书等的常用格式。其缺点是必须安装阅读器才能打开。

1.3.3 常用色彩模式

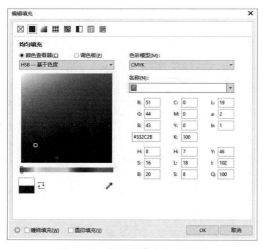

图 1-20 【编辑填充】对话框

色彩模式是色彩被呈现的具体方式，计算机中的色彩在呈现的时候有多种不同的呈现方式。在 CorelDRAW 2022 中打开【编辑填充】对话框，在【色彩模型】下拉列表中可以选择色彩模式，如图 1-20 所示。常用的色彩模式有 RGB 模式、CMYK 模式、HSB 模式及 Lab 模式等。

1. RGB 模式

RGB 模式基于自然界中 3 种基色光的混合原理，将红（R）、绿（G）、蓝（B）3 种基色按照从 0（黑）到 255（白色）的亮度值在每个色阶中分配，从而指定色彩。3 种基色都有 256 个亮度值，当不同亮度值的基色混合后，便会产生 1670 万种颜色。RGB 模式是最常见的色彩模式之一，它被广泛应用在电子显示色彩中，电视、手机和计算机的显示器都是基于 RGB 模式来创建的。

2. CMYK 模式

CMYK 代表印刷油墨中的四种颜色:青色(Cyan)、洋红色(Magenta)、黄色(Yellow)和黑色(Black)。理论上用青色、洋红色、黄色 3 种颜色可以调出任何颜色,但实际上这 3 种颜色有杂质,纯度不可能达到 100%,很难叠加形成真正的黑色,最多叠加成深褐色,因此引入了黑色。CMYK 模式是最佳的打印及印刷模式,取值范围为 0~100,RGB 模式色域更广,但不能完全打印出来。

3. HSB 模式

HSB 模式是基于人眼对色彩的观察来定义的,在此模式中,所有的颜色都用色相(或色调)、饱和度、亮度三个特性来描述。色相是我们所看到的事物的颜色,取值范围为 0~360;饱和度也叫纯度,即颜色的鲜艳度,取值范围为 0~100;亮度是颜色明暗的相对关系,取值范围为 0~100(由黑到白)。

4. Lab 模式

Lab 模式的原型是由 CIE 协会于 1931 年制定的一个衡量颜色的标准,在 1976 年被重新定义并命名为 CIELab。此模式解决了由不同的显示器和打印设备所造成的颜色赋值的差异,即是说它不依赖于设备。

Lab 模式由三个通道组成,其中一个通道是亮度通道,即 L;另外两个通道是色彩通道,用 a 和 b 来表示。a 通道的颜色是从深绿色(低亮度值)到灰色(中亮度值),再到亮粉红色(高亮度值);b 通道的颜色则是从亮蓝色(低亮度值)到灰色(中亮度值),再到焦黄色(高亮度值)。L 的取值范围为 0~100,a、b 的取值范围为 -128~127。在处理图像时,如果我们只需要处理图像的亮度,而不想影响它的色彩,就可以使用 Lab 模式,只在 L 通道中进行处理。

5. 灰度模式

灰度模式下的图像中没有颜色信息,只有亮度信息,由 0~255 共 256 级灰阶组成。它与黑白模式不同的是,黑白模式只有黑白两种色质。

1.4 管理图形文件

图形文件管理包括文件的新建、保存、打开、关闭及导入、导出等。

1.4.1 新建文件

新建文件的方法如下。

方法 1:执行【文件】→【新建】命令、单击标准栏中的【新建】按钮 或按快捷键【Ctrl+N】,即可新建一个文件。

方法 2:单击【欢迎屏幕】→【立即开始】→【新文档】图标,如图 1-21 所示。系统默认新建的页面为A4尺寸，新建文件后，页面窗口如图1-22所示。

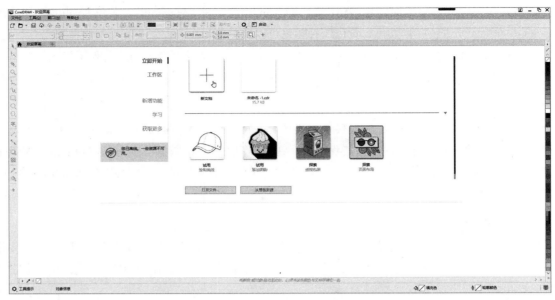

图1-21　单击【新文档】图标

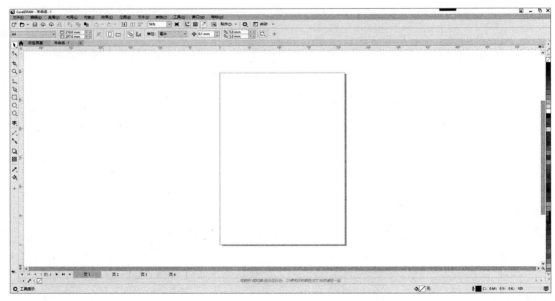

图1-22　页面窗口

1.4.2　保存文件

使用【保存】（快捷键【Ctrl+S】）或【另存为】（快捷键【Shift+Ctrl+S】）命令可以保存绘制的图形，其操作步骤如下。

步骤 01　执行【文件】→【另存为】命令或按快捷键【Ctrl+S】，打开【保存绘图】对话框。

步骤 02　在【保存绘图】对话框中输入文件名，然后选择保存格式和保存路径。

步骤 03　单击【保存】按钮，即可保存图形文件。

1.4.3　打开文件

用户可以随时打开保存的文件，其操作步骤如下。

步骤 01　执行【文件】→【打开】命令（快捷键【Ctrl+O】），打开如图 1-23 所示的【打开绘图】对话框。

步骤 02　选择需要打开的文件，单击【打开】按钮，即可打开选择的文件。

图 1-23　【打开绘图】对话框

1.4.4　导入文件

用户可以在正在编辑的文件中导入需要的文件，其操作步骤如下。

步骤 01　执行【文件】→【导入】命令（快捷键【Ctrl+I】），打开【导入】对话框，选择需要导入的文件，如图 1-24 所示。

图 1-24　【导入】对话框

步骤 02　单击【导入】按钮，此时鼠标指针在页面中的形状如图 1-25 所示，在页面上单击即可将文件导入页面，如图 1-26 所示。

图 1-25 鼠标指针的形状

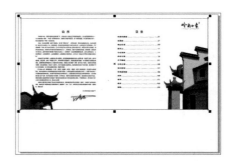

图 1-26 导入文件

温馨
提示
也可以在文件夹中选中文件，直接将文件拖曳到 CorelDRAW 窗口中。

1.4.5 导出文件

使用【导出】命令（快捷键【Ctrl+E】）可以将绘制的图形导出为需要的格式的文件，其操作步骤如下。

步骤 01 执行【文件】→【导出】命令或单击标准栏中的【导出】按钮，打开【导出】对话框。

步骤 02 输入文件名，选择要导出的文件格式。

步骤 03 单击【导出】按钮，在打开的相应对话框中设置好相关参数后，单击【确定】按钮即可完成文件的导出。

技能
拓展
（1）可以通过【窗口】→【泊坞窗】→【导出】命令调出【导出】泊坞窗，也可以通过【文件】→【导出为】→【多个文件】命令调出【导出】泊坞窗。

（2）导出 PDF 文件一般使用独立的命令【文件】→【发布为 PDF】。

1.4.6 关闭文件

关闭文件有以下两种方法。

方法 1：执行【文件】→【关闭】命令。

方法 2：单击文件窗口右侧的【关闭】按钮 ✕。

技能
拓展
如果关闭前未对文件进行保存，则系统会弹出提示框，如图 1-27 所示。单击【是】按钮，修改后的图形会覆盖已经保存的图形文件。如果不需要保存，则单击【否】按钮。

图 1-27 提示框

课堂范例——将设计作品导出为多个文件

步骤 01　打开文件，单击【窗口】→【泊坞窗】→【导出】命令，调出【导出】泊坞窗，如图 1-28 所示。可以看到此时【导出】泊坞窗中没有任何对象。

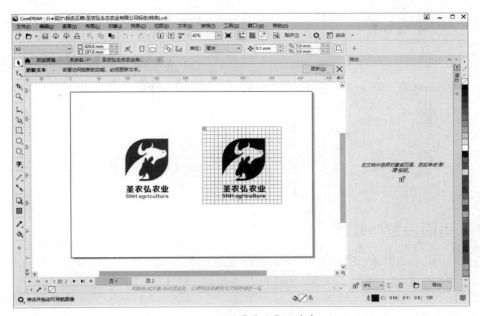

图 1-28　调出【导出】泊坞窗

步骤 02　选择【选择工具】，框选左侧的标志图形，单击泊坞窗左下角的【新增】按钮，【导出】泊坞窗中出现了"3 对象群组"字样，单击【设置】按钮，选择【颜色模式】为RGB色（24 位），如图 1-29 所示，然后单击【OK】按钮。

图 1-29　设置颜色模式

步骤 03　用同样的方法分别新增右侧标志图形和"页 2"的两个图形，然后单击【导出】按钮，如图 1-30 所示。选择目标文件夹，即可将文件导出为多个JPG文件，打开文件夹，预览效果如图 1-31 所示。

图 1-30 单击【导出】按钮

图 1-31 导出多个JPG文件预览效果

1.5 页面设置与管理

CorelDRAW支持多页面，默认最多可创建 999 个页面。页面众多自然需要进行管理，页面管理包括设置页面、插入页面、定位页面、重命名页面等。

1.5.1 设置页面

CorelDRAW默认的页面为A4尺寸，单击属性栏中的【纵向】按钮□和【横向】按钮□，可以改变页面的方向。

> **技能拓展** 要改变所有页面方向，可以单击□按钮；要改变当前页面方向，可以单击□按钮。

在CorelDRAW中用户可以任意设置页面的尺寸，设置页面尺寸的几种方法如下。

方法 1：在属性栏的【页面尺寸】下拉列表中可以选择纸张类型，如图 1-32 所示。

方法 2：执行【工具】→【选项】→【CorelDRAW】命令（快捷键【Ctrl+J】），单击【文档】按钮□，单击【页面尺寸】选项，打开如图 1-33 所示的【选项】对话框，在对话框中可以对页面进行设置。

图 1-32 【页面尺寸】下拉列表

方法 3：直接在属性栏中的【页面度量】文本框中输入数值，设置页面的尺寸。如输入宽度为200.0mm，高度为 200.0mm，此时页面效果如图 1-34 所示。

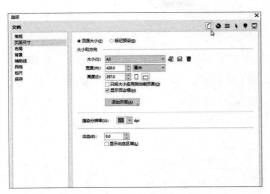

图 1-33　【选项】对话框

图 1-34　自定义页面宽度和高度

1.5.2　插入页面

在 CorelDRAW 中可以插入多个页面，插入页面的几种方法如下。

方法 1：执行【布局】→【插入页面】命令，打开如图 1-35 所示的【插入页面】对话框。在【插入页面】对话框中直接输入要插入的页码数，或单击【页码数】文本框右侧的上下按钮 ⬌ 设置页码数，然后单击【OK】按钮，即可插入页面。

方法 2：在页面标签上单击扩展按钮 ▼ 或右击，在弹出的快捷菜单中选择【在后面插入页面】命令或【在前面插入页面】命令，也可以插入页面，如图 1-36 所示。

图 1-35　【插入页面】对话框

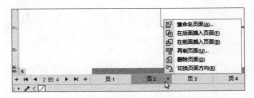

图 1-36　快捷菜单

1.5.3　定位页面

在 CorelDRAW 中可以在多个页面之间切换，如果文件中的页面太多，可以通过定位页面直接找到所需的页面，其操作步骤如下。

步骤 01　执行【布局】→【转到某页】命令，打开【转到某页】对话框。

步骤 02　在【转到某页】对话框中输入要定位的页面，如转到第 2 页，如图 1-37 所示。

步骤 03　单击【OK】按钮，即可直接定位页面。

图 1-37　【转到某页】对话框

1.5.4　重命名页面

要重命名页面，可以通过菜单或在页面控制栏中要重命名的页面标签上右击，在弹出的快捷菜单中选择【重命名页面】命令，打开【重命名页面】对话框，输入新的页名，如图1-38所示，单击【OK】按钮，页面控制栏中即会显示新的页面，如图1-39所示。

图1-38　【重命名页面】对话框

图1-39　页面控制栏中显示新的页面

课堂范例——再制页面

在CorelDRAW中可以复制整个页面或删除不需要的页面，操作步骤如下。

步骤 01　右击页面控制栏中的一个页面标签，选择【再制页面】命令，在弹出的对话框中选择【复制图层及其内容】单选按钮，如图1-40所示，然后单击【OK】按钮，可以看到复制了与原页面一模一样的页面。

步骤 02　若没有需要修改的内容，可以删除相同的页面。执行【布局】→【删除页面】命令，打开如图1-41所示的【删除页面】对话框，设置要删除页面的页码，如"2"表示删除第2页，单击【OK】按钮即可。

图1-40　【再制页面】对话框

图1-41　【删除页面】对话框

> **温馨提示**
>
> 在页面控制栏中要删除的页面标签上右击，也可以删除页面，但只能删除当前页，而通过菜单可以删除多页。

1.6　绘图辅助设置

CorelDRAW除了有强大的绘图功能，还有许多辅助设置。用户可以根据实际需要对页面进行设置，使设计工作更加得心应手。

1.6.1　设置辅助线

标尺可以协助设计者确定物体的大小或设定精确的位置，它由水平标尺、垂直标尺和原点三个部分组成。将鼠标指针放置在标尺上，按住鼠标左键向工作区拖曳，即可添加辅助线。从水平标尺上可以拖曳出水平辅助线，从垂直标尺上可以拖曳出垂直辅助线，如图1-42所示。

双击辅助线，打开如图 1-43 所示的【辅助线】泊坞窗，可以设置辅助线的角度、样式、颜色等属性，还可以在精确的坐标位置添加或删除辅助线。

选中辅助线，再在辅助线上单击，辅助线两端会出现双箭头 ↔，拖曳双箭头即可对辅助线进行自由旋转，如图 1-44 所示，在属性栏中可以观察到旋转的角度。还可以选中辅助线的中心点，将它移动到其他位置，改变旋转辅助线时中心点的位置。

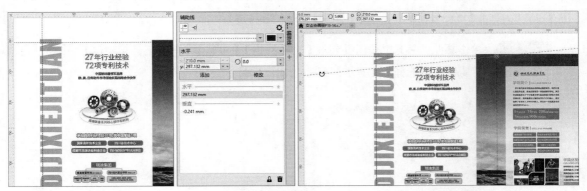

图 1-42 添加辅助线　　图 1-43 【辅助线】泊坞窗　　　　图 1-44 旋转辅助线

1.6.2 设置网格

网格的功能和辅助线一样，适用于更严格的定位需求和更精细的制图标准，进行版式、UI 或标志设计时，网格尤其重要。用户可执行【查看】→【网格】→【文档网格】命令，显示网格，如图 1-45 所示。

图 1-45 显示网格

> **温馨提示**
> （1）标准栏上的 ⌞ ▦ ⌐ 三个按钮分别为显隐标尺、显隐网格、显隐辅助线，单击它们可快速切换显隐状态。
> （2）单击 贴齐① ▾ 下拉按钮可勾选贴齐网格、对象、辅助线等。

📽 课堂范例——绘制中国工商银行标志

步骤 01 按快捷键【Ctrl+N】新建一个文件，单击标准栏上的 ▦ 按钮显示网格，发现网格偏小。

按快捷键【Ctrl+J】，在弹出的对话框中单击【文档】按钮□，将【水平】和【垂直】频率均改为"0.1"，如图 1-46 所示。单击【OK】按钮，可以看到网格被调大了。

温馨
提示
> CorelDRAW 默认的网格单位是频率，即每毫米中出现多少个网格，如默认的"0.2"表示每毫米中出现 0.2 个网格，即每个网格宽度为 5 毫米，"0.1"则表示每个网格宽度为 1÷0.1=10 毫米。若是觉得默认单位比较抽象，换算很麻烦，可单击 每毫米的网格线数 ▾ 下拉按钮，选择 毫米间距 。

步骤 02 单击 贴齐⑴ ▾ 下拉按钮并勾选【文档网格】【对象】，单击工具箱中的【手绘工具】按钮 ↟ᵐ，在弹出的工具列表中选择【贝塞尔】工具，如图 1-47 所示。

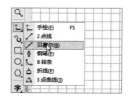

图 1-46 设置网格频率　　　　　　　　图 1-47 切换到【贝塞尔】工具

步骤 03 捕捉网格，绘制如图 1-48 所示的图形，然后按空格键切换到【选择工具】▸选择左中黑方点，按住【Ctrl】键向右拖曳，不释放左键并单击右键，如图 1-49 所示，即可镜像复制图形。

步骤 04 将鼠标指针定位到复制图形右上角，按住鼠标左键拖曳对齐到网格，如图 1-50 所示。

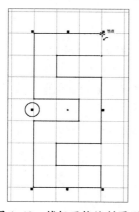
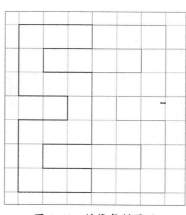
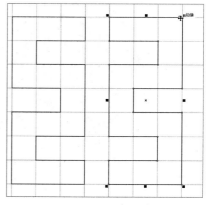

图 1-48 捕捉网格绘制图形　　　图 1-49 镜像复制图形　　　　　图 1-50 移动对象

步骤 05 按快捷键【F10】切换到形状工具，按住【Shift】键框选右侧图形左侧的上下节点，再按住【Shift】键并按左方向键粗微调 10 次，效果如图 1-51 所示。用同样的方法处理左侧图形，效果如图 1-52 所示。

> **技能拓展**
>
> CorelDRAW 中的微调分为粗微调、微调、细微调三种。粗微调是按【Shift】键+方向键，每次可以移动两个微调距离；微调是直接按方向键，每次可以移动一个微调距离；细微调是按【Ctrl】键+方向键，每次可以移动半个微调距离。属性栏中的 ⊕ 0.1 mm ⬍ 可以设置微调距离，默认微调距离是 0.1mm。

步骤 06　切换到【选择工具】↖，框选两个图形，按快捷键【Ctrl+L】合并，然后在调色板中单击红色，为图形填充红色，再右击 ☒ 去掉轮廓线的填充颜色，效果如图 1-53 所示。

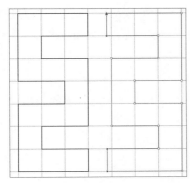
图 1-51　微调节点位置

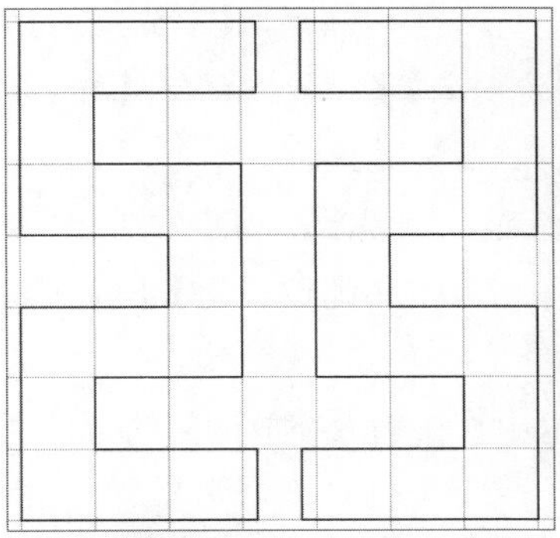

图 1-52　微调节点位置效果

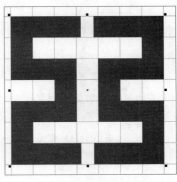
图 1-53　合并并填充

步骤 07　单击标准栏上的 ▦ 按钮隐藏网格，按快捷键【F7】切换到【椭圆形工具】○，按住【Ctrl】键绘制一个略大于刚绘制的图形的圆形，然后将鼠标指针定位到圆心并拖曳到图形中心，如图 1-54 所示。

步骤 08　按住【Shift】键拖曳圆形的右下方的黑点，到合适的位置时不释放左键并右击，等比放大复制一个圆形，如图 1-55 所示。切换到【选择工具】↖，框选所有对象并按快捷键【Ctrl+L】合并，中国工商银行标志绘制完成，效果如图 1-56 所示。

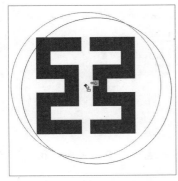
图 1-54　贴齐中心对齐

图 1-55　等比放大复制

图 1-56　中国工商银行标志
完成效果

1.7 视图控制

视图控制是使用图形图像类软件的一项基本功，包括设置缩放比例、设置视图的显示模式、设置预览显示方式等。

1.7.1 设置缩放比例

图 1-57 【缩放工具】属性栏

利用工具箱中的【缩放工具】及其属性栏可以改变视窗的显示比例。图 1-57 所示为【缩放工具】的属性栏，【缩放工具】属性栏中的按钮从左到右依次为【缩放级别】【放大】【缩小】【缩放选定对象】【缩放到全部对象】【按页面显示】【按页面宽度显示】和【按页面高度显示】。

CorelDRAW 的工作区可以按任意比例显示，调整方法如下。

方法 1：在缩放工具的属性栏中单击【缩放级别】下拉按钮，在下拉列表中选择缩放的预设比例，如图 1-58 所示。

方法 2：在【缩放级别】数值框中直接输入缩放比例的数值，如图 1-59 所示。

图 1-58 缩放级别下拉列表

图 1-59 直接输入缩放比例

技能拓展

常用视图缩放控制快捷键如下。

滚动鼠标滚轮可以以鼠标指针为中心进行缩放，按住鼠标滚轮拖曳可以平移。

【Z】：切换到【缩放工具】，按住鼠标左键拖曳出一个矩形框，可放大框内内容。

【F3】：以鼠标指针为中心缩小视图。

【F4】：缩放到全部对象（调整缩放级别以最大化包含所有对象）。

【Shift+F4】：按页面显示（调整缩放级别以最大化显示整个页面）。

【Shift+F2】：缩放选定对象。

【F2】：临时切换到放大工具。

1.7.2 设置视图的显示模式

图 1-60 显示模式

在 CorelDRAW 中，为了方便查看图形或提高屏幕运行速度，可以以不同的方式查看当前图形效果。

【查看】菜单的子菜单中有【线框】【正常】【增强】【像素】四种显示模式，如图 1-60 所示。图 1-61 所示为两种不同显示模式下的显示效果。

- 【线框】模式：去掉填充，只显示边框，位图则以低分辨率灰度显示。使用此模式可快速预览绘图的基本元素。
- 【正常】模式：消除一些细节，打开和刷新速度比【增强】模式快。
- 【增强】模式：默认的显示模式，可以使轮廓形状和文字的显示更加柔和，消除锯齿边缘。
- 【像素】模式：模拟位图来显示图形，放大后边缘有锯齿。

图 1-61　线框与增强模式显示效果

1.7.3　设置预览显示方式

CorelDRAW 2022 提供了【全屏预览】【只预览选定的对象】【多页视图】三种预览显示方式。

- 【全屏预览】：执行【查看】→【全屏预览】命令，或按快捷键【F9】，可以将绘制的图形全屏显示在屏幕上，如图 1-62 所示。
- 【只预览选定的对象】：选中想预览的对象，执行【查看】→【只预览选定的对象】命令，会全屏显示选中的对象，如图 1-63 所示。
- 【多页视图】：如果 CorelDRAW 文件中有多个页面，执行【查看】→【多页视图】命令，可将多个页面同时显示出来，此时可配合【页】泊坞窗，设置每行显示的列数，如图 1-64 所示。可以按快捷键【F9】全屏预览。

图 1-62　全屏预览

图 1-63　只预览选定的对象

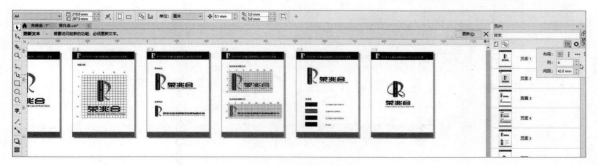

图 1-64　多页视图

📖 **课堂范例——显示和隐藏工具箱**

在菜单栏、属性栏、标准栏的空白处右击，在弹出的快捷菜单中单击【工具箱】命令，去掉命令前的"√"标记，如图1-65所示，即可隐藏工具箱，如图1-66所示。若想显示工具箱，执行相同的操作即可。用同样的方法可显示和隐藏其他界面元素。

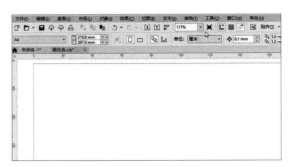

图 1-65　在弹出的快捷菜单中单击【工具箱】命令　　　　　　　图 1-66　隐藏工具箱

👤 **课堂问答**

在学习了本章的CorelDRAW 2022基础知识后，还有哪些需要掌握的难点知识呢？下面将为读者讲解本章的疑难问题。

问题1：低版本 CorelDRAW 如何打开高版本文件？

答：低版本CorelDRAW不能直接打开高版本文件，若要打开，需要进行如下操作。在高版本CorelDRAW中执行【文件】→【另存为】命令，打开【保存绘图】对话框，在【版本】下拉列表中选择低版本，如图1-67所示，单击【保存】按钮，即可在相应低版本CorelDRAW中打开该文件。在CorelDRAW 2022中只能将文件保存为比当前版本低10个版本以内的版本，如不能将文件保存为X4或9.0版。

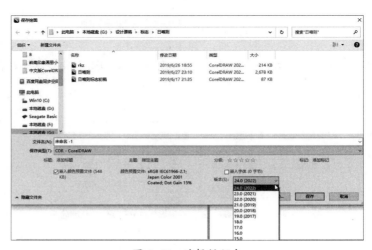

图 1-67　选择低版本

问题 2：菜单栏、工具箱、状态栏、调色板、标准栏等界面元素都不见了，如何将其显示出来？

答：按快捷键【Ctrl+J】，在弹出的对话框中单击【自定义】按钮≋，在左侧选择【命令栏】，勾选所需的界面元素，如图 1-68 所示，单击【OK】按钮即可。执行【窗口】→【调色板】→【默认调色板】命令即可显示调色板，然后将其拖曳到窗口右侧即可。

图 1-68　自定义命令栏

上机实战——改变页面的背景颜色

为了让读者巩固本章知识点，下面讲解一个技能综合案例，使读者对本章的知识有更深入的了解。

效果展示

思路分析

本例介绍改变页面的背景颜色的方法，执行【布局】→【页面背景】命令，在打开的【选项】对话框中执行相应操作即可。背景可以是纯色，也可以是位图。

制作步骤

步骤 01　页面默认背景颜色为白色。执行【布局】→【页面背景】命令，打开【选项】对话框，如图 1-69 所示。

步骤 02　选中【纯色】单选按钮，选择颜色，如图 1-70 所示，单击【OK】按钮，即可改变背景颜色。

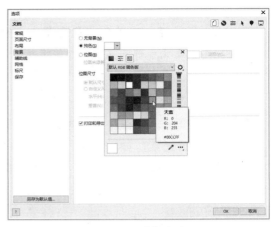

图 1-69 【选项】对话框 　　　　　　　　　图 1-70 选择颜色

同步训练——自定义工具快捷键

为了增强读者的动手能力，下面安排一个同步训练案例，让读者达到举一反三、触类旁通的学习效果。

图解流程

在工具箱中，有些工具没有快捷键。本例介绍如何自定义快捷键，用户可以自定义常用工具的快捷键，以便进行操作。执行【工具】→【选项】→【自定义】命令，再进行相应的操作即可。

关键步骤

步骤01 执行【工具】→【选项】→【自定义】命令，在弹出的【选项】对话框中选择【命令】，在【文件】下拉列表中选择【工具箱】，如图 1-71 所示。在【工具箱】列表框中选择【钢笔】，如图 1-72 所示。

图 1-71 选择【工具箱】　　　　　　　图 1-72 选择【钢笔】

步骤02 单击右侧的【快捷键】选项卡，在【新建快捷键】文本框中输入快捷键【Alt+P】，单击【指定】按钮，如图 1-73 所示。快捷键【Alt+P】出现在【当前快捷键】文本框中，单击【OK】按钮，快捷键即自定义成功。

步骤03 在工具箱中可以查看自定义的快捷键，如图 1-74 所示。

图 1-73 单击【指定】按钮　　　　　　　图 1-74 查看快捷键

知识能力测试

本章介绍了 CorelDRAW 2022 的基础知识和基本操作，为对知识进行巩固和考核，下面布置相应的练习题。

一、填空题

1. 在 CorelDRAW 中标尺由 _____、_____、_____ 组成，显隐标尺的快捷键是 _____。

2. 光的三原色是 _____、____、____；油墨三原色是 _____、____、____。

3. 最佳打印颜色模式是 _____，不依赖于设备的颜色模式是 _____。

二、选择题

1. 下列哪个格式支持动画？（   ）

A. CDR   B. GIF   C. JPG   D. BMP

2. 全屏预览的快捷键是（   ）。

A. F8   B. F9   C. F10   D. F11

3. 以下哪个不是 CorelDRAW 的应用领域？（   ）

A. 绘制矢量图   B. 制作三维动画   C. 排版设计   D. 广告设计

4. 在 CorelDRAW 中最多可以创建（   ）个页面。

A. 9   B. 99   C. 999   D. 9999

5. 缩放到页面的快捷键是（   ）。

A. Shift+F2   B. F3   C. F4   D. Shift+F4

6. 粗微调的快捷键是（   ）。

A. Shift+方向键   B. 方向键   C. Ctrl + 方向键   D. Alt + 方向键

三、简答题

1. 在 CorelDRAW 2022 中如何设置文档网格间距？

2. 在 CorelDRAW 2022 中如何同时导出多个对象？

CorelDRAW 2022

CorelDRAW 中有多种绘制图形的工具，包括矩形工具、椭圆形工具、多边形工具、螺纹工具等。绘制好图形后，还需要对图形进行选择、旋转、镜像等操作。本章将介绍对象的绘制与基本操作。

学习目标

- 学会创建几何对象
- 熟悉调整对象大小的操作
- 掌握旋转、倾斜、镜像对象等操作
- 掌握复制对象的操作

2.1 创建几何对象

CorelDRAW工具箱中有多种绘制几何图形的工具，利用它们可以方便快捷地绘制出规则的几何图形。下面介绍工具箱中几个几何图形工具的用法。

2.1.1 绘制矩形

单击工具箱中的【矩形工具】按钮□（快捷键【F6】），在工作区中按住鼠标左键并拖曳，确定大小后，释放鼠标，即可完成矩形的绘制。用户可以通过属性栏改变绘制矩形的相关参数，如图2-1所示。

图 2-1　矩形属性栏

在【对象位置】增量框中可以设置矩形的位置，默认原点位置为矩形的中心点，可以通过单击【对象原点】来确定原点位置。

在【对象大小】增量框中可以设置矩形的宽高，当然也可以改变宽高比以调整大小，单击【锁定比率】按钮则会保持原宽高比不变。

在【旋转角度】增量框中可以输入需要旋转的角度。

在【圆角与倒角】中有三个按钮，分别是【圆角】【扇形角】【倒棱角】。在【圆角半径】增量框中输入半径值即可进行圆角或倒角。单击可以对矩形的四个角一起进行圆角或倒角，否则将单独对一个角进行圆角或倒角。

2.1.2 绘制椭圆

单击工具箱中的【椭圆形工具】（快捷键【F7】），在工作区中按住鼠标左键并拖曳，确定大小后，释放鼠标，即可完成椭圆的绘制。用户可以通过属性栏改变绘制椭圆的相关参数，如图2-2所示。

图 2-2　椭圆属性栏

技能拓展

（1）在绘制出矩形后，选择圆角模式，除了可以通过属性栏中的参数进行圆角或倒角，还可以切换到【形状工具】，选中矩形边上的一个节点并按住鼠标左键拖曳，对四个角同时进行圆角或倒角。

（2）【矩形工具】通过确定两个对角点来绘制矩形，为了满足通过相邻两条边绘制矩形的需求，【矩形工具】中还有一个【3点矩形】工具。

与【矩形工具】不同的是，【椭圆形工具】将椭圆、饼（扇）形和弧形三个绘图工具合并在一起，只需单击其属性栏中的 ⊙⊙⊙ 按钮即可切换，在后面的增量框里可以设置它们的起始角度和结束角度。

2.1.3　绘制多边形和星形

使用工具箱中的【多边形工具】◯（快捷键【Y】）可以绘制多边形和星形。

> **技能拓展**
>
> （1）绘制椭圆时，按住【Ctrl】键可以绘制正圆，按住【Shift】键可以绘制以起点为中心的椭圆，按住【Ctrl+Shift】组合键可以绘制以起点为中心的正圆（完成绘制后要先释放鼠标，再释放【Ctrl+Shift】组合键）。正方形、正多边形等的绘制方法同理。
>
> （2）绘制饼形或弧形时，用【形状工具】拖曳起点或终点即可很方便地调整，需注意的是鼠标指针在图形内拖曳时显示为饼形，在图形外拖曳时则显示为弧形。
>
> （3）为了满足直接绘制斜向椭圆的需求，【椭圆形工具】中还有一个【3点椭圆】工具。

1. 绘制多边形

使用【多边形工具】◯可以绘制多边形，具体操作方法如下。

步骤 01 单击工具箱中的【多边形工具】按钮◯，在属性栏中设置多边形的边数为5，如图2-3所示。

步骤 02 在工作区中按住鼠标左键并拖曳绘制出多边形，释放鼠标即可完成多边形的绘制，如图2-4所示。

图 2-3　设置多边形边数

图 2-4　绘制多边形

> **温馨提示**
> 在选项栏的【点数或边数】增量框中可以直接输入多边形的边数，也可以单击增量框中的上下按钮来进行设置。

2. 绘制星形

绘制星形有以下两种方法。

方法1：使用【星形工具】。单击工具箱中【多边形工具】按钮◯右下角的三角形按钮，在弹出的隐藏工具组中选择【星形工具】☆。在属性栏中设置星形点数，如图2-5所示，按住鼠标左键拖曳即可绘制星形，如图2-6所示。

方法2：利用【多边形工具】◯和【形状工具】绘制星形，具体操作步骤如下。

步骤 01 选中绘制好的多边形，单击工具箱

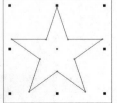

图 2-5　设置星形点数　　图 2-6　绘制星形

中的【形状工具】 按钮，选中多边形最上面的控制点，如图 2-7 所示。

步骤 02 按住鼠标左键向外拖曳到需要的位置，如图 2-8 所示，释放鼠标，得到如图 2-9 所示的星形。

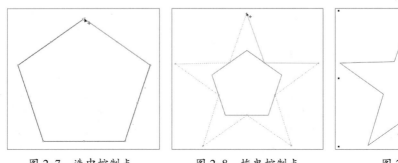

图 2-7 选中控制点   图 2-8 拖曳控制点   图 2-9 星形

2.1.4 绘制螺纹

使用工具箱中的【螺纹工具】 （快捷键【A】）可以绘制螺纹，包括对称式螺纹和对数式螺纹两种。

1. 绘制对称式螺纹

步骤 01 单击工具箱中【多边形工具】 右下角的三角形按钮，在弹出的隐藏工具组中选择【螺纹工具】 。

步骤 02 在属性栏的【螺纹回圈】增量框中可以设置螺纹的圈数，单击【对称式螺纹】按钮 ，如图 2-10 所示。在工作区中单击并按住鼠标左键拖曳，释放鼠标即可绘制螺纹，如图 2-11 所示。

图 2-10 设置螺纹圈数   图 2-11 绘制对称式螺纹

2. 绘制对数式螺纹

在属性栏中单击【对数式螺纹】按钮 ，如图 2-12 所示。在工作区中单击并拖曳鼠标左键，释放鼠标即可绘制螺纹，如图 2-13 所示。

在绘制对数式螺纹时，可以在属性栏中设定所需螺纹圈数及螺纹扩展参数。螺纹扩展参数为 1 和 100 时的效果如图 2-14 所示。

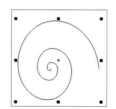
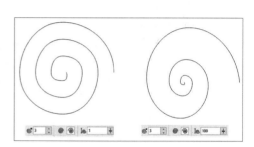

图 2-12 单击【对数式螺纹】按钮   图 2-13 绘制对数式螺纹   图 2-14 螺纹扩展参数为 1 和 100

2.1.5　绘制图纸

使用工具箱中的【图纸工具】▦（快捷键【D】），可以绘制网格状的图纸，具体操作如下。

步骤 01　单击工具箱中的【图纸工具】▦按钮，在属性栏中设置网格图纸的列数和行数分别为 3 和 5（最大值为 99），如图 2-15 所示。

步骤 02　在工作区中按住鼠标左键并拖曳到需要的位置，确定大小后释放鼠标，即可绘制网格图纸，如图 2-16 所示。

网格图纸实际上是由若干个矩形组成的，执行【对象】→【取消组合对象】命令或按快捷键【Ctrl+U】，可以将网格图纸拆分为单个的矩形。使用【选择工具】选择任意矩形，如图 2-17 所示。

图 2-15　设置图纸行列数

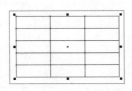
图 2-16　绘制网格图纸

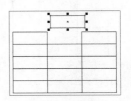
图 2-17　选择矩形

2.1.6　绘制常见形状

常见形状工具组中有大量常用形状，如心形、箭头等，为用户提供了很多便利。常见形状主要包括基本形状、箭头形状、流程图形状、条幅形状和标注形状五种类型。下面以绘制平行四边形为例，具体操作如下。

步骤 01　单击工具箱中的【常见形状工具】按钮，在属性栏中单击基本形状下拉按钮，弹出如图 2-18 所示的面板，在面板中选择平行四边形按钮。

步骤 02　在工作区中按住鼠标左键并拖曳，绘制出一个平行四边形，如图 2-19 所示。

可以看到，绘制出的基本形状上有一个红色的菱形符号，拖曳它可以对形状进行调整，如图 2-20 所示。

图 2-18　基本形状面板

图 2-19　绘制平行四边形

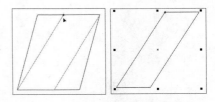
图 2-20　调整形状

除了基本形状，CorelDRAW 2022 还为用户提供了箭头形状、流程图形状、条幅形状和标注形状，各类形状的面板如图 2-21 所示，绘制它们的方法与绘制基本形状的方法相同。

图 2-21　常见形状面板

2.1.7 冲击效果工具

利用【冲击效果工具】 ≋能很方便地绘制出冲击效果，其参数与效果的对应关系如图 2-22 所示。

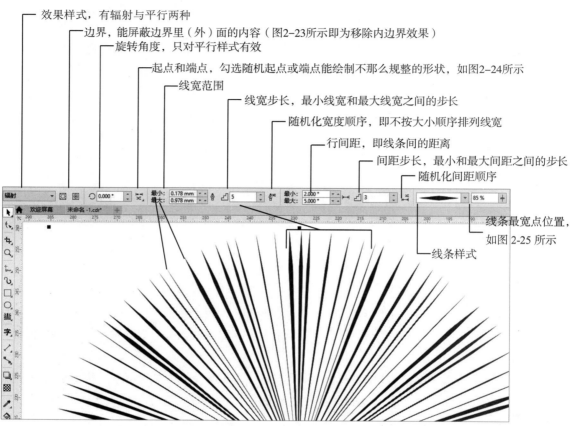

图 2-22 【冲击效果工具】参数与效果对应示意

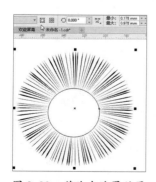
图 2-23 移除内边界效果

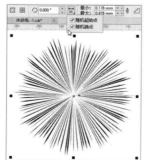
图 2-24 勾选随机起点和端点效果

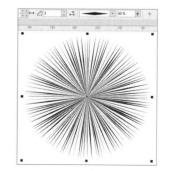
图 2-25 线条最宽点为 60% 的效果

课堂范例——绘制优惠券

步骤 01 按快捷键【Ctrl+N】以默认设置新建一个文件，按快捷键【F6】，在页面中按住鼠标左键拖曳绘制一个矩形，在属性栏中修改其大小为100mm×66mm，如图2-26所示。

步骤 02　在属性栏中单击【扇形角】按钮，在【圆角半径】增量框中设置圆角半径为5mm，如图2-27所示。

步骤 03　用同样的方法绘制一个66mm×66mm的矩形，添加【圆角半径】为5mm的扇形角。按空格键切换到【选择工具】，将鼠标指针定位到小矩形的左上节点，选中并拖曳到大矩形的右上节点，如图2-28所示。

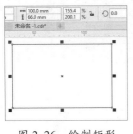

图 2-26　绘制矩形

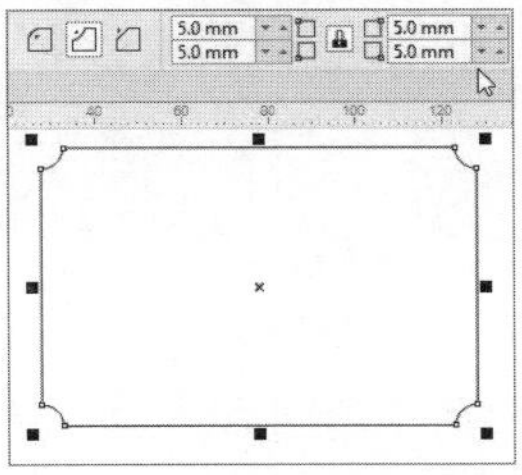

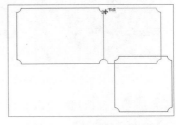

图 2-27　扇形角

图 2-28　移动矩形

步骤 04　按住【Shift】键加选两个矩形，在调色板中单击【红】为其填充红色，如图2-29所示。右击调色板中的无色图标，去除轮廓色，如图2-30所示。

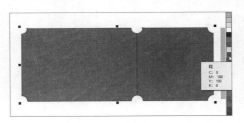

图 2-29　填充红色

图 2-30　去除轮廓色

步骤 05　按快捷键【F5】切换到【手绘工具】，捕捉两个矩形交界处的节点，绘制一条直线，如图2-31所示。在属性栏中将轮廓宽度改为"2"，将线条样式改为虚线，如图2-32所示。然后在调色板中右击【白】填充白色轮廓色。

步骤 06　按快捷键【F8】在矩形上单击创建四个文本对象，如图2-33所示。

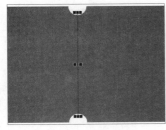

图 2-31　绘制直线

图 2-32　修改线宽与样式

图 2-33　创建文本

步骤 07　选择"立即领取"文本对象为其填充橘红色，为其他文本对象填充白色。按快捷键【F10】切换到【形状工具】，选择"20"文本对象前的两个小方框，在属性栏中修改其字体和大小，如图 2-34 所示。

步骤 08　微调文本的大小与位置，在"立即领取"文本对象上绘制一个矩形，设置圆角半径为 4mm，填充白色并去除轮廓色，如图 2-35 所示。

图 2-34　编辑文字

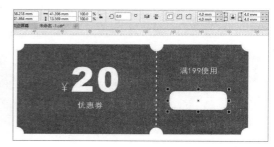
图 2-35　绘制矩形

步骤 09　按快捷键【Ctrl+PgDn】将白色矩形向后移动一层，在"优惠券"文本对象两侧用【手绘工具】绘制两条白线，如图 2-36 所示。

步骤 10　微调各对象的大小与位置，优惠券绘制完成，效果如图 2-37 所示。

图 2-36　绘制白线

图 2-37　优惠券效果

2.2　对象的基本操作

对象的基本操作包括选取对象、复制对象及属性、删除对象、变换对象等。

2.2.1　选取对象

1. 使用【选择工具】选取对象

使用【选择工具】选取对象有直接选取和框选两种方法。在 CorelDRAW 中，要对图形进行编辑和处理，必须先选取对象。

方法 1：单击工具箱中的【选择工具】（快捷键为空格键），在要选取的对象上单击，对象周围出现八个黑色的控制点，表示对象被选中，如图 2-38 所示。若要加选对象，只需按住【Shift】键单击需要添加的对象即可，如图 2-39 所示。若按住【Shift】键在已经选取的对象上单击，则会减选对象。

方法 2：单击工具箱中的【选择工具】▶，在对象外按住鼠标左键拖曳出一个虚线框，使对象全部在虚线框内，即可选取对象，如图 2-40 所示。当所选对象全部被框住时释放鼠标，即可完成对对象的选取，如图 2-41 所示。

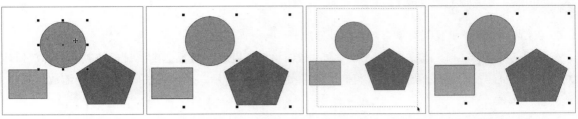

图 2-38　点选对象　　　　图 2-39　加选对象　　　　图 2-40　拖曳出虚线框　　　图 2-41　框选对象

技能拓展

（1）在绘图过程中，除了使用文本工具时，只需按空格键就能快速切换到【选择工具】▶，再次按空格键又能切换到当前工具。

（2）若需要使用非矩形框选择，可用【选择工具】▶的隐藏工具【手绘选择】⬚工具。

2. 使用菜单命令选取对象

执行【编辑】→【全选】命令，系统将会自动弹出如图 2-42 所示的子菜单，通过选择子菜单中的选项，可以将文件中的对象、文本、辅助线或节点全部选中。

（1）全选对象：如果想选取当前页面中的所有对象，执行【编辑】→【全选】→【对象】命令即可，效果等同于使用快捷键【Ctrl+A】。

（2）全选文本：当文件中既有图形又有文本，而我们只想选取文本时，执行【编辑】→【全选】→【文本】命令，即可选取当前页面中的所有文本。

（3）全选辅助线：辅助线在没有被选中时呈蓝色，被选中时呈红色，执行【编辑】→【全选】→【辅助线】命令，即可将辅助线全部选中。

（4）全选节点：矢量图形包含许多节点，先选中有节点的矢量图形，如图 2-43 所示，执行【编辑】→【全选】→【节点】命令，可以将图形中的所有节点选中，如图 2-44 所示，效果等同于用【形状工具】选择对象后按快捷键【Ctrl+A】。

图 2-42　【全选】子菜单　　　图 2-43　选中有节点的矢量图形　　　图 2-44　全选节点

温馨提示 　全选对象或文本仅限于当前页面而非整个文档，全选节点仅限于某个对象而非整个页面。

2.2.2　复制对象及属性

在CorelDRAW中复制对象有以下几种方法。

方法1：变换复制。选中要复制的对象，按住鼠标左键，将对象拖曳到目标位置，不释放鼠标左键的同时右击，如图2-45所示，复制的对象如图2-46所示。这种方法同样适用于缩放、倾斜、旋转等变换操作。

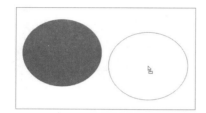
图 2-45　拖曳鼠标并右击

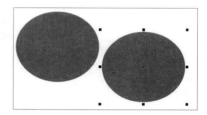
图 2-46　复制对象

方法2：原地复制。选中对象后按小键盘上的【+】键，即可在原地复制对象。

方法3：通过剪切板复制。选中对象，按快捷键【Ctrl+C】，再按快捷键【Ctrl+V】即可复制对象。这种方法因为要通过剪切板，所以比前两种方法速度略慢一些。

除了复制对象，还可以只复制对象属性，具体操作步骤如下。

步骤01　单击工具箱中的【选择工具】按钮 ，选中要复制的对象，按住鼠标右键，拖曳到目标对象上，如图2-47所示。

步骤02　释放鼠标后，在弹出的快捷菜单中选择【复制轮廓】命令，如图2-48所示，即可复制对象的轮廓属性，如图2-49所示。当然也可以选择复制填充或复制所有属性。

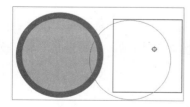
图 2-47　按住鼠标右键拖曳

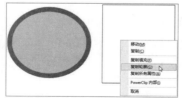
图 2-48　选择命令

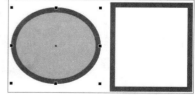
图 2-49　复制轮廓属性

2.2.3　删除对象

在CorelDRAW中删除对象有以下几种方法。

方法1：选中要删除的单个或多个对象，按【Delete】键直接删除。

方法2：选中要删除的对象，执行【编辑】→【删除】命令即可删除对象。

方法3：在要删除的对象上右击，在弹出的快捷菜单中选择【删除】命令即可。

2.2.4　变换对象

1. 缩放对象

选择对象，对象周围会出现 8 个控制点，拖曳任意一个控制点即可缩放对象，如图 2-50 所示。拖曳四个角上的任一控制点可以等比缩放，拖曳四条边中点的任一控制点则可以不等比缩放。

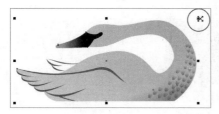

图 2-50　缩放对象

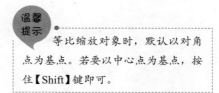

温馨提示　等比缩放对象时，默认以对角点为基点。若要以中心点为基点，按住【Shift】键即可。

2. 旋转对象

选中对象，再次单击鼠标左键，对象的四个角上的控制点变为 形状，将鼠标指针移至对象的任一角的控制点上，按住鼠标左键，如图 2-51 所示，拖曳鼠标到需要的位置后，释放鼠标即可旋转对象。

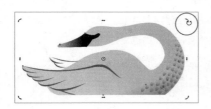

图 2-51　旋转对象

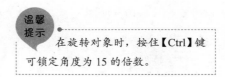

温馨提示　在旋转对象时，按住【Ctrl】键可锁定角度为 15 的倍数。

3. 倾斜对象

选中对象，再次单击鼠标左键，对象的四条边中点的控制点变为 ↔ 形状，将鼠标指针移至对象的任一边的控制点上，按住鼠标左键，如图 2-52 所示，拖曳鼠标到需要的位置后，释放鼠标即可倾斜对象。

4. 镜像对象

通过属性栏中的镜像按钮 可以实现水平或垂直镜像对象，如选择对象，单击【水平镜像】按钮 ，即可水平镜像对象，如图 2-53 所示。

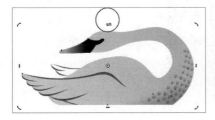

图 2-52　倾斜对象

图 2-53　水平镜像对象

也可以通过按住【Ctrl】键拖曳控制点的方法实现镜像，具体操作步骤如下。

步骤 01　单击工具箱中的【选择工具】⬚，选中要镜像的对象，将鼠标指针定位到其中一个控制点上，如上边中点，如图 2-54 所示。

步骤 02　按住【Ctrl】键向下拖曳，在出现蓝色线框时释放鼠标，即可得到如图 2-55 所示的镜像效果。

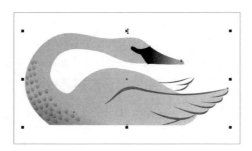

图 2-54　选择控制点

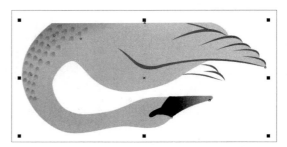

图 2-55　垂直镜像对象

📖 课堂范例——绘制登录界面

步骤 01　按默认设置新建一个文件，按快捷键【F6】，绘制一个大小为 90mm×160mm，圆角为 5mm 的矩形，如图 2-56 所示。再绘制一个大小为 70mm×110mm，圆角为 4mm 的矩形，并通过贴齐对象对齐中心，如图 2-57 所示。按住【Ctrl】键将小矩形略微向下移动。

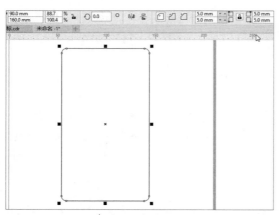

图 2-56　绘制矩形

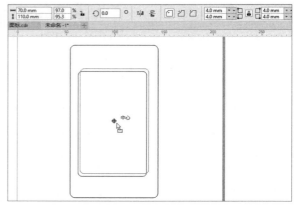

图 2-57　锁定对象中心贴齐大矩形中心

步骤 02　选择工具箱中的【刻刀工具】✎，在属性栏中单击【剪切时自动闭合】按钮🔲，按住鼠标左键从大矩形中上部拖曳到右下，如图 2-58 所示。然后填充大矩形左侧为橘红色，右侧为深黄色，将小矩形填充为白色，并框选全部对象，右击☑去掉轮廓色，如图 2-59 所示。

步骤 03　创建一个大小为 50mm×12mm，圆角为 5mm 的矩形，如图 2-60 所示。然后将其轮廓线改为 2pt，设置描边颜色为橘红色。

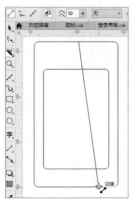 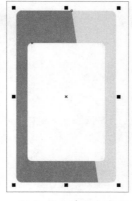 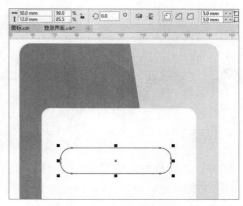

图 2-58　切割大矩形　　　　图 2-59　填充颜色　　　　　　图 2-60　绘制登录框

步骤 04　按快捷键【F8】切换到文本工具，在小矩形里输入文本，填充 70% 黑，其余属性如图 2-61 所示。切换到【选择工具】框选登录框及文本，按住【Ctrl】键向下拖曳，在不释放鼠标左键的同时右击复制所选对象，再以同样的方法再次复制所选对象，双击文本修改其内容，如图 2-62 所示。

步骤 05　将"登录"文本对象放在相应矩形中间并填充为白色，将相应的矩形填充为浅橘红色，再在其下创建"第三方账号登录"文本（大小为 7pt）、"快速注册"文本（大小为 8pt），填充为橘红色，如图 2-63 所示。

图 2-61　创建文本　　　图 2-62　复制登录框并修改文本内容　　　图 2-63　创建其他文本

步骤 06　打开"素材文件\第 2 章\图标.cdr"，按快捷键【Ctrl+A】全选对象，然后按快捷键【Ctrl+C】复制，切换到当前文件后按快捷键【Ctrl+V】粘贴，然后将鼠标指针定位到定界框右上方并向下拖曳以缩小图标素材，如图 2-64 所示。

步骤 07　切换到【选择工具】，将微信、QQ、微博图标移动到页面下方并再次调整大小和位置，填充为橘红色，并在"第三方账号登录"文本对象两侧添加两条直线，描边为橘红色，宽度为 1pt，如图 2-65 所示。使用同样的方法将其他图标缩小并放在页面右上角，填充为白色，如图 2-66 所示。

图 2-64 缩小图标素材

图 2-65 移动图标

图 2-66 移动其他图标并填充为白色

步骤 08 按快捷键【F6】切换到矩形工具，绘制一个矩形，然后按住【Ctrl】键向右拖曳复制，如图 2-67 所示。按快捷键【Ctrl+R】三次，效果如图 2-68 所示。框选五个矩形，按快捷键【Ctrl+L】合并，切换到【3 点矩形】工具 ⬚，按住鼠标左键从左下向右上拖曳绘制一个矩形，如图 2-69 所示。

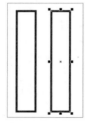

图 2-67 绘制矩形并拖曳复制

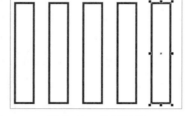

图 2-68 再制矩形

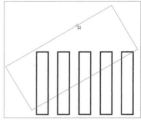

图 2-69 绘制 3 点矩形

步骤 09 切换到【选择工具】 ▶，框选 3 点矩形与合并的五个矩形，在属性栏中单击【移除前面对象】图标 ⬚ 进行修剪，如图 2-70 所示。将修剪后的对象缩小并放在页面右上方，右击调色板中的无色图标 ☒ 去除轮廓色，并与其他图标对齐，如图 2-71 所示。

步骤 10 创建时间文本，将其填充为白色并放置在页面左上方与其他图标对齐，至此登录界面绘制完毕，如图 2-72 所示。

图 2-70 修剪绘制信号图标

图 2-71 放置信号图标

图 2-72 登录界面效果

课堂问答

在学习了本章对象的绘制与基本操作后，还有哪些需要掌握的难点知识呢？下面将为读者讲解本章的疑难问题。

问题1：表格工具与图纸工具有什么区别？

答：使用表格工具与图纸工具绘制的图形外观看上去一样，但其本质截然不同，前者用于制表，后者用于绘制网格状对象。选中【图纸工具】绘制的图形，按快捷键【Ctrl+U】取消组合，可以看到图纸是由一个个小矩形组成的，如图2-73所示。选中【表格工具】绘制的图形，按快捷键【Ctrl+K】拆分，再按快捷键【Ctrl+U】取消组合，可以看到表格是由线条组成的，如图2-74所示。关于表格的其他应用将在第7章中详细介绍。

问题2：如何精确地操作对象？

答：2.2节中介绍了对对象调整大小、旋转、倾斜等操作，那么如果要精确地进行这些操作，该怎么做呢？可以在属性栏中输入数据，也可以执行【窗口】→【泊坞窗】→【变换】命令，选择相应的命令精确地操作对象，如图2-75所示。具体操作将在第5章中详细介绍。

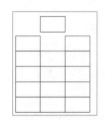
图2-73 图纸拆分

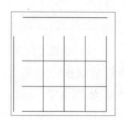
图2-74 表格拆分

图2-75 【变换】泊坞窗

问题3：【重复】与【再制】命令有什么区别？

答：【重复】命令（快捷键【Ctrl+R】）是重复上次动作，如上次动作为旋转，则继续按相同的参数旋转；上次动作是移动并复制，则继续按相同的参数移动并复制。

而【再制】命令（快捷键【Ctrl+D】）则与上次动作无关，而是根据再制距离复制。【再制距离】增量框位于未选择任何对象时的属性栏右侧，默认参数如图2-76所示。将其改为"20，0"，绘制一个图形，然后按快捷键【Ctrl+D】4次，效果如图2-77所示。

图2-76 默认再制距离

图2-77 再制对象

上机实战——绘制以字母为造型的标志

学习完本章内容后，为了让读者巩固本章知识点，下面讲解一个技能综合案例，使读者对本章的知识有更深入的了解。

思路分析

本例要设计一个企业标志，以字母M为造型，将一组矩形通过复制、倾斜、水平镜像等操作后，得到一个图形化的字母。

制作步骤

步骤 01　按默认设置新建一个文件，按快捷键【F6】在页面中绘制一个矩形，如图 2-78 所示。按空格键切换到【选择工具】，将鼠标指针放置在矩形左上控制点上，将矩形拖曳到右上控制点后在不释放鼠标左键的同时右击，复制矩形，如图 2-79 所示。

步骤 02　按快捷键【Ctrl+R】5 次，重复上一步操作，如图 2-80 所示。将矩形填充为不同颜色，如图 2-81 所示。右击调色板中的无色图标☒，去除轮廓色，如图 2-82 所示。

图 2-78　绘制矩形　图 2-79　复制矩形　图 2-80　复制多个矩形　图 2-81　填充颜色　图 2-82　去除轮廓色

步骤 03　框选所有矩形，按【+】键原地复制矩形并再次单击，将鼠标指针放置在下边中间的控制点上，如图 2-83 所示，按住鼠标左键向右拖曳，倾斜矩形，如图 2-84 所示。

步骤 04　框选所有图形，按【+】键原地复制图形。单击属性栏中的【水平镜像】按钮 ，将复制的图形水平镜像，如图 2-85 所示。

图 2-83 放置鼠标指针

图 2-84 倾斜矩形

图 2-85 水平镜像

步骤05 按住【Ctrl】键，水平向右移动复制的图形，如图 2-86 所示。框选所有矩形，按住【Shift】键框选两组纵向矩形，调整矩形高度，得到如图 2-87 所示的效果。

图 2-86 水平向右移动

图 2-87 最终效果

同步训练——绘制宝马标志

为了增强读者的动手能力，下面安排一个同步训练案例，让读者达到举一反三、触类旁通的学习效果。

图解流程

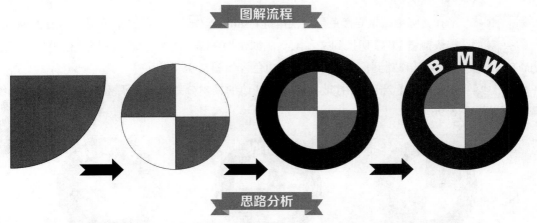

思路分析

本例主要使用椭圆形工具，配合镜像、填充、文本等命令完成绘制。

步骤 01 按默认设置新建一个文件，按快捷键【F7】，按住【Ctrl】键在页面中绘制一个圆形，然后单击属性栏中的 🕒 按钮使之变成一个扇形，如图 2-88 所示。此时得到的扇形与想要的图形恰恰相反，可以单击属性栏中的 🕒 按钮将其反转，如图 2-89 所示。

步骤 02 为扇形填充青色，如图 2-90 所示。

图 2-88　得到扇形

图 2-89　反转扇形

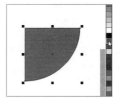
图 2-90　填充扇形

步骤 03 将鼠标指针放置在扇形右下方的控制点上，按住【Ctrl】键并按住鼠标左键向左上方拖曳，当出现蓝色轮廓时在不释放鼠标左键的同时右击，镜像复制一个扇形，如图 2-91 所示。用同样的方法将扇形镜像复制到右上方，并填充为白色，再将白色扇形镜像复制到左下方，如图 2-92 所示。

步骤 04 切换到【椭圆形工具】，将鼠标指针移动到扇形交点，按住快捷键【Ctrl+Shift】向外拖曳绘制一个大圆形，如图 2-93 所示。

图 2-91　镜像扇形

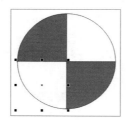
图 2-92　镜像扇形

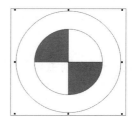
图 2-93　从中心绘制圆形

步骤 05 选择大圆形，填充黑色，按快捷键【Shift+PgDn】将其放到最下层，如图 2-94 所示。

步骤 06 按快捷键【F8】切换到文本工具，创建"BMW"文本对象，在属性栏中将字体改为"Arial Black"，然后将其移动到标志上并填充为白色，如图 2-95 所示。

步骤 07 按快捷键【Ctrl+K】打散文本，将两边的文本分别旋转并调整位置，宝马标志绘制完成，效果如图 2-96 所示。

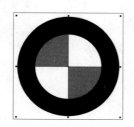
图 2-94　将大圆形放到最下层

图 2-95　创建文本

图 2-96　打散文本并调整角度与位置

✎ 知识能力测试

本章讲解了如何在CorelDRAW中绘制、变换图形，为对知识进行巩固和考核，下面布置相应的练习题。

一、填空题

1. 在CorelDRAW中若要以起点为中心绘制图形可按住_____键，绘制正形可按住_____键。

2. 在CorelDRAW中有_____式和_____式两种螺纹。

3. 使用椭圆形工具可以绘制_____、_____、_____三种类型的图形。

4. 在CorelDRAW中按住_____键拖曳到目标对象上可复制对象属性。

5. 按_____键并拖曳控制点可将所选对象镜像变换。

二、选择题

1. 在CorelDRAW中按住（　　　）键拖曳对象控制点即可镜像对象。

A. Alt   B. Ctrl   C. Shift   D. Tab

2. 在CorelDRAW中加选或减选对象都是按住（　　　）键单击对象。

A. Alt   B. Ctrl   C. Shift   D. Tab

3. 在CorelDRAW 2022中，矩形倒角的方式不包括（　　　）。

A. 圆角   B. 倒棱角   C. 花式角   D. 扇形角

4. 若直接绘制心形图形，只需在【常见形状工具】中（　　　）面板里选择，然后在页面中拖曳绘制即可。

A. 基本形状   B. 箭头形状   C. 流程图形状   D. 标注形状

5. 以下能方便地绘制爆炸效果的工具是（　　　）。

A. 星形   B. 冲击效果工具   C. 螺纹   D. 艺术笔

三、简答题

1. 在CorelDRAW 2022中，【再制】和【重复】命令有什么区别？

2. 在CorelDRAW中如何绘制星形？

CorelDRAW 2022

第3章
不规则图形的绘制与编辑

　　直线和曲线是组成图形的基础元素，熟练掌握直线和曲线的绘制方法是图形设计的基础。在CorelDRAW 2022中有多种绘制直线和曲线的工具，本章将详细介绍直线和曲线的绘制技巧。

学习目标

- 掌握贝塞尔工具的使用技巧
- 熟悉手绘工具、钢笔工具的使用方法
- 了解2点线、3点曲线、B样条、折线工具的使用方法
- 掌握艺术笔工具的使用技巧
- 学会使用形状工具编辑图形
- 熟悉智能绘图、LiveSketch的使用方法

3.1　直线和曲线的绘制

直线和曲线是组成图形最基础的元素，掌握它们的绘制技巧和方法是图形设计的基础。

3.1.1　手绘工具

使用手绘工具（快捷键【F5】）可以绘制直线和曲线，下面介绍其使用方法。

1. 用手绘工具绘制直线

切换到【手绘工具】，在工作区中任意位置单击确定直线的起点，移动鼠标指针到需要的位置，如图 3-1 所示，单击确定直线的终点。

2. 用手绘工具绘制曲线

切换到【手绘工具】，在工作区中任意位置单击确定曲线的起点，按住鼠标左键拖曳鼠标绘制曲线，到所需位置时释放鼠标左键，如图 3-2 所示，鼠标经过的路径上就会根据手绘平滑度绘制出一条曲线。

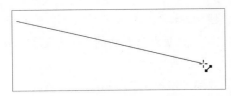

图 3-1　绘制直线

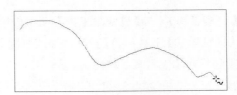

图 3-2　绘制曲线

3.1.2　贝塞尔工具

1. 用贝塞尔工具绘制直线

步骤 01　单击工具箱中【手绘工具】右下角的三角形按钮，在弹出的隐藏工具组中单击【贝塞尔工具】按钮，在工作区中单击确定直线起点。

步骤 02　移动鼠标指针到需要的位置，再次单击可绘制出一条直线，如图 3-3 所示。

步骤 03　继续确定下一个点就可以绘制折线，如图 3-4 所示，完成后按空格键即可完成直线或折线的绘制。

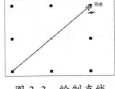

图 3-3　绘制直线

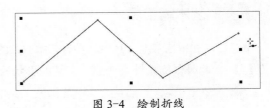

图 3-4　绘制折线

2. 用贝塞尔工具绘制曲线

步骤 01 切换到【贝塞尔工具】，在工作区的适当位置单击确定曲线的起点，再在需要的位置单击确定第二个点，按住鼠标左键拖曳鼠标，此时将显示出一条带有两个节点和一个控制点的蓝色虚线调节杆，如图 3-5 所示。

步骤 02 调整调节杆确定曲线的形状，完成后按空格键完成曲线的绘制，如图 3-6 所示。

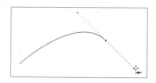

图 3-5　确定节点的位置

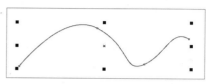

图 3-6　完成曲线的绘制

技能拓展
用贝塞尔工具绘制曲线时按住【Alt】键且不释放鼠标左键可以移动节点，按【C】键可以改变下一线段的切线方向。

3.1.3　钢笔工具

【钢笔工具】与【贝塞尔工具】比较相似，绘制直线和曲线的方法也相同，不同的是钢笔工具有【预览模式】工具和【自动添加或删除节点】工具，而且是默认开启的；若是关闭这两个功能，则与贝塞尔工具几乎相同。

预览模式：在绘制线条时能预览下一段线绘制完成的效果，如图 3-7 所示。

自动添加或删除节点：在线条绘制完成后，若觉得某些地方需要添加节点或删除节点，则可以直接用钢笔工具进行操作，将鼠标指针移到没有节点的线上会出现"+"号，如图 3-8 所示，单击可以添加节点，将鼠标指针移到节点处会出现"-"号，单击可以删除节点，如图 3-9 所示。

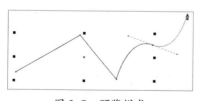

图 3-7　预览模式

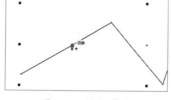

图 3-8　添加节点

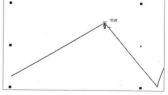

图 3-9　删除节点

3.1.4　艺术笔工具

用户可以利用艺术笔工具绘制具有艺术效果的线条或图案。选择工具箱中的【艺术笔工具】（快捷键【I】），此时鼠标指针会变成一支笔的形状。

图 3-10　艺术笔工具属性栏

艺术笔工具的属性栏中有五个功能各异的笔形按钮，如图 3-10 所示，从左至右依次为预设、笔刷、喷涂、书法、表达式。选择笔形并设置好画笔宽度等选项后，在工作区中单击并拖曳鼠标，即可绘制出各种图案效果。

1. 预设

通过常规方式绘制的线虽然形状各异，但粗细是相同的，那么如何绘制粗细不同的线条呢？预设样式里就预置了 20 余种粗细有变化的笔触，如图 3-11 所示。选择需要的笔触后，在工作区中按住鼠标左键并拖曳鼠标即可绘制，图 3-12 所示为预设笔触效果及所对应的属性栏。在 栏中可设置画笔的平滑程度；在 栏中可设置画笔的宽度；在 栏中可选择画笔的预设笔触。

图 3-11　部分预设笔触

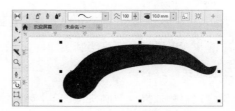

图 3-12　预设笔触效果

2. 笔刷

使用笔刷可以绘制出画笔绘制效果的图形，在属性栏右侧的下拉列表中有近 20 种类别的笔刷，如图 3-13 所示，每种类别下又有若干种笔触，如图 3-14 所示，选择好类别及笔触后在工作区中按住鼠标左键并拖曳即可绘制图形，其效果和属性栏如图 3-15 所示。

图 3-13　笔刷类别

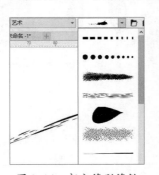

图 3-14　部分笔刷笔触

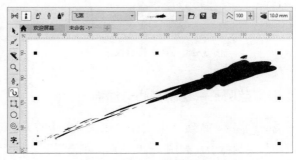

图 3-15　笔刷笔触效果

温馨提示

笔刷类别与喷涂类别共用，属于喷涂的类别在笔触下拉菜单中会显示"没有此类别的笔触"，反之亦然。

3. 喷涂

使用喷涂工具能根据路径绘制出一组预置图形。在下拉列表中选择一种类别，其后的喷射图案中有很多预设的图案，如图 3-16 所示。完成设置后，在工作区中拖曳鼠标，即可沿鼠标移动的路径喷涂所选择的图案。在属性栏中还可以设置大小、间距、顺序、旋转、偏移等参数，如图 3-17 所示。

图 3-16 部分喷涂图案

图 3-17 喷涂图案效果示例

4. 书法

书法笔触能模拟书法的效果。在属性栏中可设置笔触的平滑度、宽度和角度。在工作区中按住鼠标左键并拖曳鼠标，即可绘制图形，如图 3-18 所示。

5. 表达式

表达式笔触效果类似圆头泡沫笔。在属性栏中可设置笔触的平滑度、宽度等参数。在工作区中按住鼠标左键并拖曳鼠标，即可绘制图形，如图 3-19 所示。

图 3-18 书法笔触效果

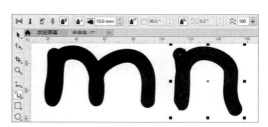

图 3-19 表达式笔触效果

课堂范例——绘制开心卡通猫

步骤 01 新建一个文件，按快捷键【F7】在工作区中绘制椭圆。选择工具箱中的【钢笔工具】，绘制盘子，如图 3-20 所示。填充下面的图形为橘色，上面的图形为白色，如图 3-21 所示。

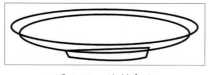

图 3-20 绘制盘子

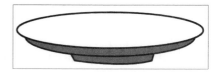

图 3-21 填充颜色

步骤 02 选择工具箱中的【钢笔工具】，绘制杯子，如图 3-22 所示。填充杯子为橘色，手柄为黄色，如图 3-23 所示。

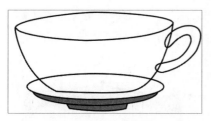

图 3-22 绘制杯子

图 3-23 填充颜色

步骤03 选择工具箱中的【常见形状工具】，单击属性栏中的【常用形状】按钮，在弹出的面板中选择心形，在工作区中拖曳鼠标，绘制心形。填充心形为黄色，去除轮廓色，如图 3-24 所示。

步骤04 选择工具箱中的【钢笔工具】，绘制猫的轮廓，如图 3-25 所示。

图 3-24 绘制心形

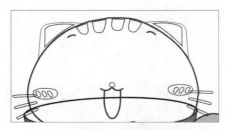

图 3-25 绘制猫的轮廓

步骤05 按快捷键【F7】切换到【椭圆形工具】，绘制猫的眼睛，如图 3-26 所示。选中眼睛，按住【Ctrl】键并按住鼠标左键拖曳，到合适位置后右击，水平复制眼睛，然后单击属性栏中的【水平翻转】按钮将其镜像，如图 3-27 所示。再用钢笔工具绘制一对爪子。

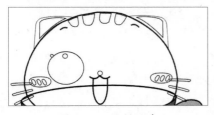

图 3-26 绘制眼睛

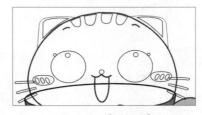

图 3-27 复制眼睛

步骤06 按住【Shift】键，同时选中选中猫脸、爪子和耳朵内廓图形，填充为黄色，如图 3-28 所示。填充猫的眼睛为黑色，高光为白色，如图 3-29 所示。

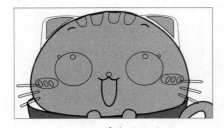

图 3-28 填充脸和爪子

图 3-29 填充眼睛

步骤 07　按住【Shift】键，同时选中选中耳朵外廓、胡须、鼻子等图形，填充为咖啡色，如图 3-30 所示，然后去除轮廓色。再按住【Shift】键，同时选中猫的腮红、嘴等图形，填充为粉色，再去除腮红的轮廓，如图 3-31 所示。

图 3-30　填充耳朵、胡须等

图 3-31　填充腮红、嘴

步骤 08　选中猫头上的花纹，填充为白色，去除轮廓色，如图 3-32 所示。下面制作背景，选择工具箱中的【矩形工具】□，绘制矩形背景，填充为青色，去除轮廓色。再绘制一个小矩形，填充为蓝色，去除轮廓色，如图 3-33 所示。

图 3-32　填充花纹

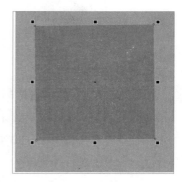

图 3-33　绘制矩形

步骤 09　保持矩形的选中状态并再次单击，切换到旋转状态，将鼠标指针放在左上角的控制点上，按住【Ctrl】键并按住鼠标左键旋转 45°，如图 3-34 所示。

步骤 10　再次单击，从旋转状态切换回移动状态，将鼠标指针定位到左侧节点，按住鼠标左键并按住【Ctrl】键，将矩形拖曳到右侧节点后不释放鼠标左键并右击，复制矩形，如图 3-35 所示。

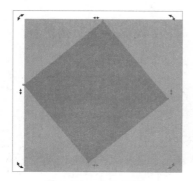

图 3-34　旋转矩形

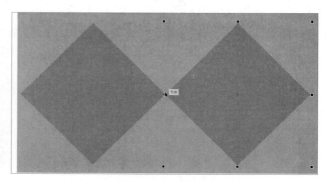

图 3-35　复制矩形

步骤 11　多次按快捷键【Ctrl+R】，重复上次操作，如图 3-36 所示。框选一行小矩形，锁定一个矩形的下节点，按住鼠标左键拖曳到其上节点后不释放鼠标左键并右击，复制一行矩形，如图 3-37 所示。

图 3-36　重复复制矩形

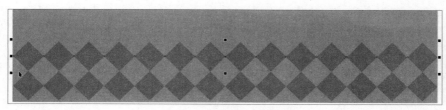

图 3-37　复制一行矩形

步骤 12　多次按快捷键【Ctrl+R】，重复上次操作，如图 3-38 所示。框选前面绘制的猫和杯子，按快捷键【Shift+PgUp】，将猫和杯子的图层顺序调整到最上层，如图 3-39 所示。

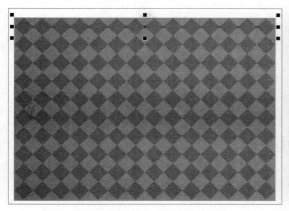

图 3-38　重复复制一行矩形

图 3-39　最终效果

3.2 形状工具

在 CorelDRAW 中选择【形状工具】（快捷键【F10】），直接拖曳用矩形、椭圆、多边形等工具创建的图形的节点，可以分别实现圆角、改为扇形或弧线起始或结束角度、改为星形等操作；若要对其进行自由编辑则需要先将它们转曲，然后再使用【形状工具】编辑，如删除节点、添加节点、移动节点等。

> **温馨提示**　除了使用【手绘工具】组和【艺术笔工具】组中工具绘制的线条，使用其他工具绘制的图形都无法直接编辑曲线，需要先按快捷键【Ctrl+Q】或单击属性栏中的按钮将图形转换为曲线。

3.2.1　编辑节点

绘制一条线，按快捷键【F10】切换到【形状工具】，选择一个节点（选中的节点会以实心点显示），则会显示如图3-40所示的属性栏。

图 3-40　编辑曲线时的形状工具属性栏

1. 添加节点与删除节点

切换到【形状工具】，在曲线上没有节点的地方单击，然后再单击属性栏中的【添加节点】按钮即可添加节点，如图3-41所示。选择一个节点，然后单击属性栏中的【删除节点】按钮即可删除节点，如图3-42所示。

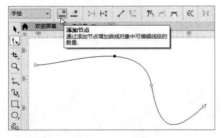 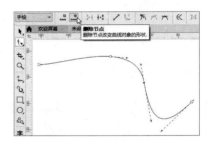

图 3-41　添加节点　　　　　　　　　　　图 3-42　删除节点

> **技能拓展**　添加/删除节点还有以下技巧。
>
> （1）在曲线上没有节点的地方单击，按小键盘上的【+】键可以添加节点；选择一个节点，按小键盘上的【-】键可以删除节点。
>
> （2）直接用形状工具在没有节点的地方双击即可添加节点，在节点处双击则可删除节点。
>
> （3）用钢笔工具可以添加/删除节点。
>
> （4）选择一个节点，如图3-43所示，按小键盘上的【+】键，可以在至下一节点路径的中点处添加节点，如
>
>
>
> 图 3-43　选择节点　　　　　图 3-44　在中点添加节点
>
> 图3-44所示。其规律是：选择封闭图形的节点将在选择节点的逆时针方向加点，选择未封闭图形的节点则在起始点方向加点。

2. 连接节点与断开曲线

用【形状工具】选择一个节点，单击属性栏中的【断开曲线】按钮，如图3-45所示，可将

节点打断，封闭图形将变成开放图形，无法填充。虽然图形看起来还是一个封闭图形，但其实是两个节点重合在一起了，用【形状工具】 选择该节点并移动就能看出节点断开了，如图3-46所示。

图3-45　单击【断开曲线】按钮

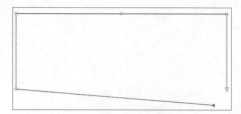

图3-46　开放图形

用【形状工具】 选择断开的两个节点，单击属性栏中的【连接两个节点】按钮 ，如图3-47所示，则可将两个节点合并为一个，测试填充效果可发现图形已封闭，如图3-48所示。

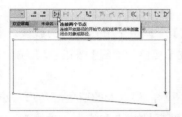

图3-47　单击【连接两个节点】按钮

图3-48　封闭图形

【连接两个节点】会将所选的首末两节点"焊接"为一个点，并且位置在原两点间的中点。此外，还有另外两个连接节点的方式：【闭合曲线】 和【延长曲线使之闭合】 ，其相同点是首末两个节点都不动，在两节点之间添加一条直线段闭合图形；不同点是前者直接单击 按钮不需要选择节点即可闭合，后者则需要选择首末两节点再单击 按钮。

3. 节点类型

CorelDRAW的路径有三个要素：节点、线段、控制柄，如图3-49所示。

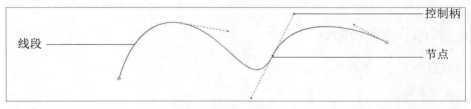

控制柄

线段

节点

图3-49　路径三要素

CorelDRAW中有三种节点：尖突节点 、平滑节点 和对称节点 ，这三种节点可以相互转换，实现曲线的各种变化。

- 尖突节点：节点两端的控制柄是相互独立的，可以单独调节节点两边线段的长度和弧度，如图3-50所示。
- 平滑节点：节点两端的控制柄始终为同一直线，即改变其中一端控制柄的方向时，另一端也会相应变化。但两个控制柄的长度可以独立调节，相互没有影响，如图3-51所示。

- 对称节点：节点两端的控制柄以节点为中心对称，改变其中一端指向线的方向或长度时，另一端也会产生同步、同向的变化，如图 3-52 所示。

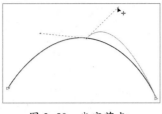

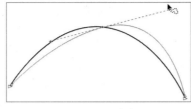
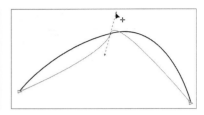

图 3-50　尖突节点　　　　　图 3-51　平滑节点　　　　　图 3-52　对称节点

　编辑线段

编辑线段的命令有两个：切换类型和反转方向。

线段的类型有两种：直线 和曲线 。用【形状工具】选择两个节点之间的线段，若是曲线可以单击【转换为直线】按钮 转为直线，反之则可以单击【转换为曲线】按钮 转为曲线，用【形状工具】可以直接拖曳线段调整形状，如图 3-53 所示。

在 CorelDRAW 中线段有起点和终点之分，如图 3-53 所示，起点处的蓝色三角形最小的角朝向起点 ，终点处的蓝色三角形最小的角则背朝终点 ，若要反转起点和终点，单击【反转方向】按钮 即可，如图 3-54 所示。

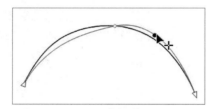
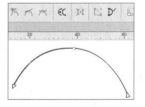

图 3-53　直接拖曳线段调整形状　　　　　图 3-54　反转方向

　其他节点编辑命令

节点编辑命令还有以下几类。

1. 变换及对齐节点

对于多个节点，可以方便地变换与对齐，方法如下。

选择多个节点，单击属性栏中的【延展与缩放节点】按钮 ，拖曳定界点即可延展与缩放节点，如图 3-55 所示。

选择多个节点，单击属性栏中的【旋转与倾斜节点】按钮 ，与旋转变换一样，拖曳弯箭头可旋转节点，拖曳直箭头可倾斜节点，如图 3-56 所示。

选择多个节点，单击属性栏中的【对齐节点】按钮 ，弹出如图 3-57 所示的对话框，根据需要勾选复选框后单击【OK】按钮即可。

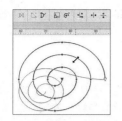

图 3-55　延展与缩放节点

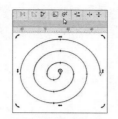

图 3-56　旋转与倾斜节点

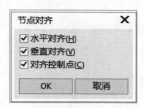

图 3-57　对齐节点

2. 弹性模式

单击属性栏中的【弹性模式】按钮可使拖曳节点时线条有弹性、不生硬，图 3-58、图 3-59 所示分别是关闭弹性模式与打开弹性模式的效果。

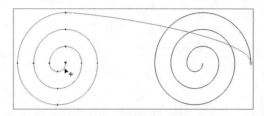

图 3-58　关闭弹性模式拖曳节点

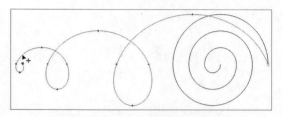

图 3-59　打开弹性模式拖曳节点

3. 反射节点

【反射节点】又称【映射节点】，若要使节点向相对的方向移动相同的距离，或者要同时调整两条线上的节点，就可以使用该选项。

切换到【形状工具】，按住【Shift】键，加选曲线上的两个节点，单击属性栏中的【水平反射节点】按钮。选中右边的节点，向左拖曳时，左边的节点向与其相反的水平方向移动，即向右移动；向右拖曳则左边的节点向左移动，如图 3-60 所示。

同样，选择有上下相对关系的节点，单击属性栏中的【垂直反射节点】按钮，拖曳任一节点，另一节点将向相反的垂直方向移动，如图 3-61 所示。

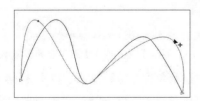

图 3-60　【水平反射节点】移动节点效果

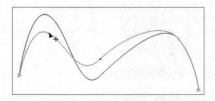

图 3-61　【垂直反射节点】移动节点效果

4. 选择节点方法补充

除了常规的选择方法，【形状工具】属性栏中还有两个选择节点的方法。

一个方法是【选取模式】下拉菜单中有"矩形"和"手绘"两种模式，可以根据需要进行选择。如用默认的"矩形"模式选择矩形对角节点就需要按住【Ctrl】键选两次，或者点选两次；若切换为"手绘"模式则可一次选定，如图 3-62 所示。

另一个方法是属性栏中有一个【选择所有节点】按钮 ，单击它可以全选当前图形节点，如图 3-63 所示。

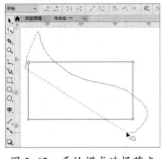

图 3-62　手绘模式选择节点

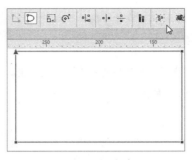

图 3-63　全选节点

5. 减少节点

减少节点属于优化曲线命令。在矢量图软件中，文件大小并非按图形面积或体积计算，而是按节点或面数的多少计算。在 CorelDRAW 中，节点越多文件越大，且节点多编辑量也会增加，所以一个优秀的设计师除了要美学功底强，在绘图过程中还要善于控制节点数量，以最少的节点画最好的图，达到事半功倍的效果。用户可以用删除节点的方法优化曲线，若是节点过多，则可以单击【减少节点】按钮优化。图 3-64 所示就是一条很糟糕的曲线，有很多无用甚至起反作用的节点，全选节点，通过状态栏可看到共有 45 个节点，单击属性栏中的【减少节点】减少节点按钮后，可以看到还有 44 个节点，只减少了 1 个节点，效果并不理想，如图 3-65 所示。

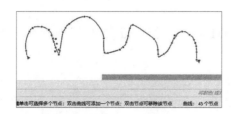

图 3-64　通过状态栏查看节点数量

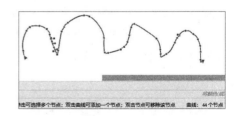

图 3-65　通过【减少节点】优化后的节点数量

若要使曲线平滑流畅、节点少，可以调整属性栏中的【曲线平滑度】 。以图 3-64 所示的曲线为例，初始的曲线平滑度为"0"，将曲线平滑度调为"50"时，节点只有 8 个，而且曲线更平滑，如图 3-66 所示。

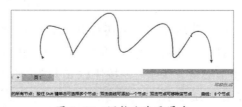

图 3-66　调整曲线平滑度

3.3　其他画线工具

CorelDRAW中还有一些使用频率不高或后续版本中陆续增加的画线工具，下面进行简单介绍。

3.3.1　2点线与3点曲线

利用【2点线】工具可以绘制一条只有首尾两个节点的直线段，该工具比较适合用来绘制流程图、结构示意图等。切换到【2点线】工具，即可看到属性栏中有三个按钮，分别是【2点线】【垂直2点线】与【相切的2点线】。

默认打开的是【2点线】模式，在工作区中单击确定起点并拖曳到终点处，如图3-67所示，然后释放鼠标左键，2点线即绘制完成。

【垂直2点线】用于绘制已知线的垂线，与捕捉垂足不同的是，它是从垂足处向外绘制。单击属性栏中的【垂直2点线】按钮，在矩形上单击，然后按住鼠标左键向外拖曳，如图3-68所示，释放鼠标左键，垂直2点线即绘制完成。

【相切的2点线】用于绘制已知线的切线。单击属性栏中的【相切的2点线】按钮，在椭圆上单击，然后按住鼠标左键向外拖曳，如图3-69所示，释放鼠标左键，相切的2点线即绘制完成。

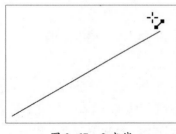

图 3-67　2点线

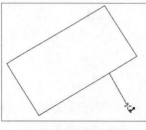

图 3-68　垂直2点线

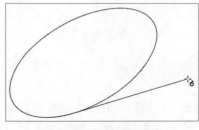

图 3-69　相切的2点线

绘制3点曲线很简单，切换到【3点曲线】工具，单击确定起点并拖曳到终点释放，如图3-70所示，拖曳确定弧形的方向和大小，如图3-71所示，再单击鼠标左键即可。

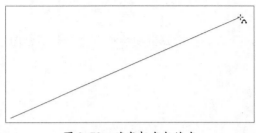

图 3-70　确定起点与终点

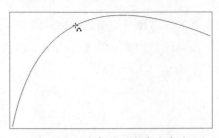

图 3-71　确定弧形方向和大小

3.3.2　B样条

B样条源于其他软件的非均匀有理B-样条（NURBS）曲线。曲线可分为机械曲线和有机曲线，圆弧、椭圆弧、正余弦线、抛物线、双曲线等属于机械曲线，虽然规整，但缺乏灵活性。在实际工业设计或建筑设计中，有大量很耐看的属于有机曲线类的B样条曲线。

B样条曲线的绘制方法很简单，切换到【B样条】工具 ，在工作区中单击就会形成一条蓝色虚线，虚线之间会形成曲线，在终点处双击即可结束绘制，如图3-72所示。

切换到【形状工具】，可以看见属性栏中有两个按钮 ，分别是【夹住控制点】和【浮动控制点】。前者意为控制点在线上，后者意为控制点在线外。选择几个节点，单击【夹住控制点】按钮 ，则所选节点之间的线变为直线，如图3-73所示。在【浮动控制点】 模式下拖曳控制点则可调整B样条曲线的形状，如图3-74所示。

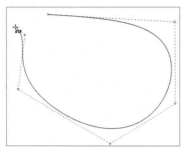　　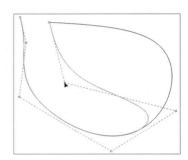

图3-72　绘制B样条曲线　　　图3-73　夹住控制点　　　图3-74　拖曳控制点

3.3.3　折线

利用折线工具既可以绘制徒手线也可以绘制连续直线段，切换到【折线工具】 ，方法如下。

绘制直折线：单击确定起点后，移动到第二点处单击，再按同样方法绘制下一点，如图3-75所示，双击结束命令，即可绘制直折线。

绘制曲线：按住鼠标左键在工作区中拖曳，如图3-76所示，然后双击即会根据平滑度绘制一条曲线。

将以上方法结合可绘制直线加曲线。

在折线属性栏中有一个【自动闭合曲线】按钮 ，开启后在结束折线绘制时会自动闭合图形，如图3-77所示。

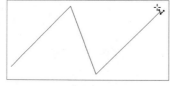　　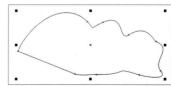

图3-75　绘制直折线　　　图3-76　绘制曲线　　　图3-77　自动闭合效果

在绘制折线时，按住【Alt】键可绘制圆弧线，如图 3-78 所示。

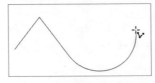

图 3-78　绘制圆弧线

3.3.4　智能绘图

智能绘图工具的实质是在手绘工具的基础上识别几何图形和基本形状，不能识别的线则智能平滑，该工具能够提高工作效率。

按快捷键【Shift+S】切换到【智能绘图工具】，其属性栏中会显示两个设置下拉菜单，如图 3-79 所示。若将【形状识别等级】和【智能平滑等级】都设置为"无"，则与手绘线无异，默认为"中"，这里将它们都设置为"最高"。

在工作区中按住鼠标左键拖曳绘制一条近似直线的线，如图 3-80 所示，释放鼠标左键，则会出现一条直线，如图 3-81 所示。同样，绘制一个如图 3-82 所示的箭头，释放鼠标左键，则会出现一个箭头形状，如图 3-83 所示。另外，双击【智能绘图工具】可以设置绘图协助延迟时间，如图 3-84 所示，可以根据需要设置。

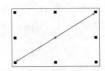

图 3-79　设置识别与平滑等级　　图 3-80　绘制近似直线的线　图 3-81　智能绘图效果

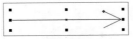

图 3-82　绘制箭头　　　图 3-83　智能识别箭头形状　　　图 3-84　设置绘图协助延迟时间

3.3.5　LiveSketch

LiveSketch 可翻译为"实时草图"，行业中也称其为"草图工具"。设计师一般是有灵感后赶紧掏出铅笔在速写本上绘制草图，进行调整后再扫描到计算机上绘图。CorelDRAW 为用户提供了 LiveSketch 工具，可以即时捕捉灵感而无需在纸上绘制草图再扫描到计算机上。该工具会分析用户输入笔触的属性、时序和空间接近度，对其进行调整并将其转换为贝塞尔曲线，从而帮助用户快速将自己的想法反映到作品中。

按快捷键【S】切换到【LiveSketch】工具绘制一个树叶形状，如图 3-85 所示，释放鼠标后会出现自动闭合且平滑的形状，如图 3-86 所示。

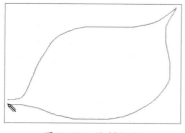

图 3-85　绘制形状

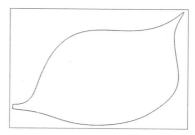

图 3-86　自动闭合并平滑

绘制两条单独的线，如图 3-87 所示，用【LiveSketch】工具连接两条线，如图 3-88 所示，释放鼠标就能非常自然地连接两条线，如图 3-89 所示。

图 3-87　绘制两条线

图 3-88　连接两条线

图 3-89　连接效果

📖 课堂范例——绘制吊牌

步骤 01 新建一个文件，按快捷键【F6】切换到【矩形工具】□，绘制一个 82mm×168mm 的矩形，在属性栏中单击圆角图标，设置圆角半径为 10mm。按空格键切换到【选择工具】，从标尺上拖曳出一条垂直辅助线到矩形的中点，如图 3-90 所示。

步骤 02 按快捷键【Ctrl+Q】将矩形转曲，按快捷键【F10】切换到【形状工具】，在上边的中点双击，添加节点，如图 3-91 所示。

步骤 03 按住【Shift】键，同时选中左右的节点，单击属性栏中的【尖突节点】按钮，使节点尖突，如图 3-92 所示。

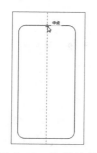

图 3-90　绘制矩形

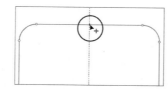

图 3-91　添加节点

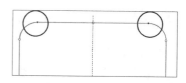

图 3-92　使节点尖突

步骤 04 选中中间的节点，向上拖曳，如图 3-93 所示。用形状工具框选三个节点，如图 3-94 所示，单击属性栏中的【转换为曲线】按钮，将直线转换为曲线。

步骤 05 选中最上面的节点，单击属性栏中的【对称节点】按钮，得到如图 3-95 所示的效果。

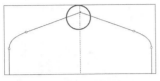

图 3-93 向上拖曳节点

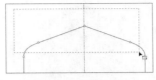

图 3-94 框选三个节点

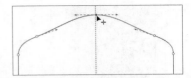

图 3-95 改变节点形式

步骤 06 选择【2 点线】工具，按住【Shift】键，绘制一条直线，如图 3-96 所示。选择工具箱中的【智能填充工具】，在直线上下的图形中分别单击，生成两个新的图形，如图 3-97 所示，然后将直线删除。

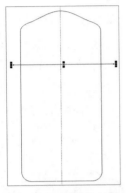

图 3-96 绘制 2 点线

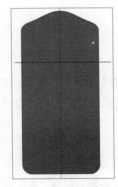

图 3-97 智能填充

温馨提示 原图形仍保留在下方，后续操作会用到。

步骤 07 选择辅助线，按【Delete】键将其删除。选中下方的图形，双击状态栏下面的【填充】按钮，在打开的对话框中单击上方的【底纹填充】按钮，单击【底纹库】下拉按钮，选择【样本 8】，如图 3-98 所示。

步骤 08 单击【名称】下拉列表，在弹出的图样中选择【木纹】，在对话框的右侧改变木纹的颜色，如图 3-99 所示。

图 3-98 选择【样本 8】

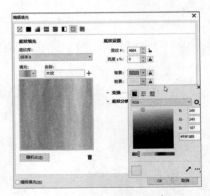

图 3-99 改变木纹颜色

步骤 09 单击【OK】按钮，填充木纹，如图 3-100 所示。选中吊牌上面的图形，填充图形为绿色，去除轮廓色，如图 3-101 所示。选择【2 点线】工具绘制直线，直线轮廓色为浅绿色，轮廓宽度为 1mm，如图 3-102 所示。

图 3-100　填充木纹

图 3-101　填充图形并去除轮廓色

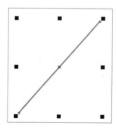

图 3-102　绘制直线

步骤 10　选中直线，按住鼠标左键，将直线拖曳到右边后右击复制直线，按快捷键【Ctrl+R】多次，重复上次操作，如图 3-103 所示。

步骤 11　框选所有直线，按快捷键【Ctrl+G】将其组合。按住鼠标右键，将直线拖曳到绿色图形中，当鼠标指针变为⊕形状时释放鼠标，如图 3-104 所示，在弹出的快捷菜单中选择【PowerClip 内部】命令，得到如图 3-105 所示的效果。

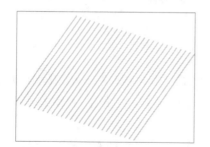

图 3-103　重复上次操作

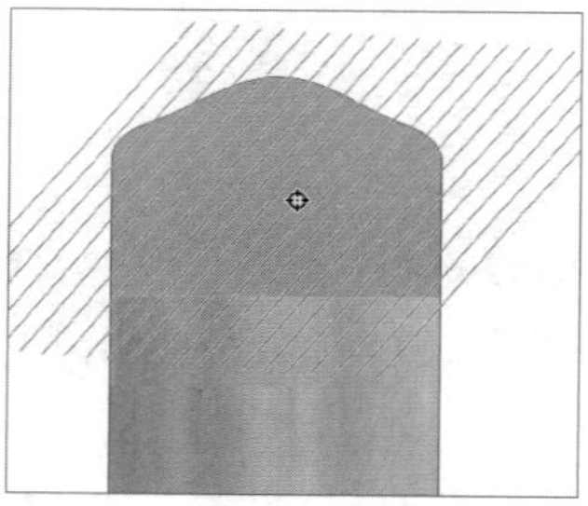

图 3-104　将直线拖曳到绿色图形中

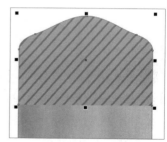

图 3-105　【PowerClip 内部】效果

步骤 12　按快捷键【F7】切换到【椭圆形工具】○，捕捉中心点，按住快捷键【Shift+Ctrl】，绘制如图 3-106 所示的正圆。

步骤 13　框选吊牌上半部分的两个对象，单击属性栏中的【移除前面对象】按钮□，修剪对象，如图 3-107 所示。

步骤 14　绘制一个比圆孔略大的正圆，轮廓宽度为 5mm，如图 3-108 所示。

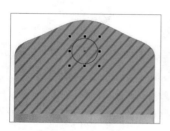

图 3-106　绘制正圆

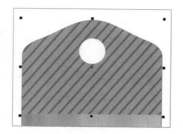

图 3-107　修剪对象

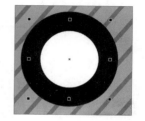

图 3-108　绘制正圆

步骤 15　按快捷键【Ctrl+Shift+Q】将轮廓转换为对象，按快捷键【G】为其应用椭圆形渐变填充，内侧为黑色，外侧为咖啡色，如图3-109所示。

步骤16 按空格键切换到【选择工具】，按住【Alt】键，单击吊牌，选中隐藏在下方的吊牌轮廓图形，按快捷键【Shift+PgUp】，将它调整到最上面一层，向内等比缩小对象，如图3-110所示。

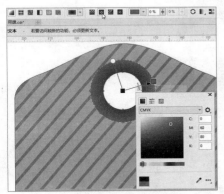

温馨提示

在CorelDRAW中，轮廓再粗其属性也是轮廓，只能描单色，除非将其转为对象。比如本例的正圆转为对象后就是一个圆环。

图3-109 应用椭圆形渐变填充　　　　图3-110 向内等比缩小对象

步骤17 按【F12】键打开【轮廓笔】对话框，设置轮廓宽度为0.9mm，风格为虚线，如图3-111所示，单击【OK】按钮，再按【F8】键切换到文本工具，创建一个"S"字母，得到如图3-112所示的效果。

步骤18 选择工具箱中的【3点曲线】工具，绘制曲线，轮廓宽度为1.5mm，如图3-113所示。放大后会发现曲线与圆孔相接处的细节需要处理，如图3-114所示。

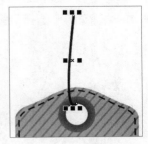

图3-111 【轮廓笔】对话框　　　图3-112 添加文本"S"效果　　图3-113 绘制曲线

步骤19 按快捷键【Ctrl+Shift+Q】将轮廓转换为对象，将曲线转换为普通对象。按快捷键【F10】切换到【形状工具】，调整图形相接处的形状，如图3-115所示。

步骤20 再使用【3点曲线】工具绘制一条穿过圆孔后的曲线，轮廓宽度为1.5mm，如图3-116所示。

图 3-114　放大查看

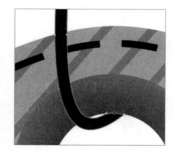

图 3-115　调整图形相接处的形状

图 3-116　绘制曲线

步骤 21　按快捷键【Ctrl+I】导入"素材文件\第3章\天空.jpg"文件，按快捷键【Shift+PgDn】，将天空的图层顺序调整到最下面一层。把吊牌旋转后放到合适位置，如图 3-117 所示。

步骤 22　复制三个吊牌，将其中一个旋转为不同的角度，如图 3-118 所示。

图 3-117　把吊牌旋转后放到合适位置

图 3-118　复制三个吊牌

步骤 23　按【F8】键，更改后面三个吊牌的字母及其颜色，如图 3-119 所示。

步骤 24　按住【Alt】键选中"A"字母上面的绿色图形，将其改为橘黄色，在图形上右击，在弹出的快捷菜单中选择【编辑PowerClip】命令，如图 3-120 所示。

图 3-119　更改字母及其颜色

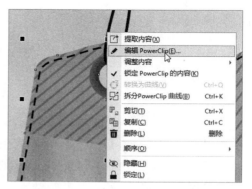

图 3-120　选择【编辑PowerClip】命令

步骤 25　将线条的颜色改为浅黄色，再右击并选择【完成编辑PowerClip】命令，如图 3-121 所示，即可恢复裁剪效果，如图 3-122 所示。

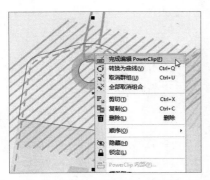

图 3-121　选择【完成编辑 PowerClip】命令

图 3-122　恢复裁剪效果

步骤 26　用相同的方法改变其他两个吊牌的颜色，最终效果如图 3-123 所示。

图 3-123　最终效果

课堂问答

在学习了本章的不规则图形的绘制与编辑后，还有哪些需要掌握的难点知识呢？下面将为读者讲解本章的疑难问题。

问题 1：如何绘制对称对象？

答：绘制对称对象一般是绘制好一侧后镜像复制到另一侧，若还需要继续调整，可采用同时编辑节点的方法。下面以绘制苹果外轮廓为例讲解。

步骤 01　拖曳出一条辅助线，选择工具箱中的【钢笔工具】，绘制苹果的左侧部分，如图 3-124 所示。

步骤 02　按空格键切换到【选择工具】，将鼠标指针放到左中控制点上，按住【Ctrl】键并按住鼠标左键，将对象向右拖曳后右击复制，效果如图 3-125 所示。

步骤 03　按快捷键【F10】切换到【形状工具】，选中左侧图形，按住【Shift】键加选右侧图形，此时可以看到左侧图形为蓝色，右侧图形为红色。按住【Shift】键选择左右相对应的两个节点，拖曳方向点，可以看到两侧图形同时被调整，如图 3-126 所示。

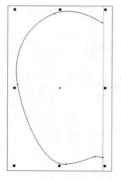 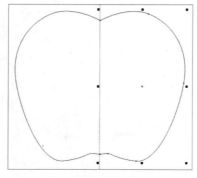 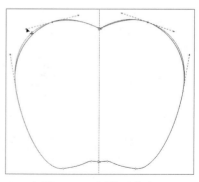

图 3-124　绘制苹果的左侧部分　　　图 3-125　镜像复制　　　　　图 3-126　调整对应点

步骤 04　调整时也不一定非要选择对应的点，按住【Shift】键选择如图 3-127 所示的两个节点，也可以同时调整两侧图形。

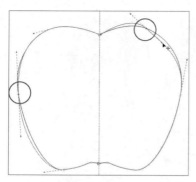

图 3-127　调整非对应点

温馨提示
　　此方法不限于两条线，也可以同时调整多条线的节点。

问题 2：直接用艺术笔难以绘制准确，能否将已有线条改为艺术笔效果？

答：能。下面还是以一个实例来讲解。

步骤 01　用【常见形状工具】绘制一个心形，如图 3-128 所示。单击【效果】→【艺术笔】调出【艺术笔】泊坞窗，如图 3-129 所示。

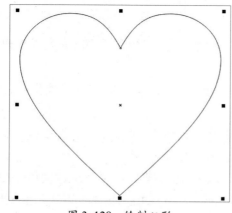 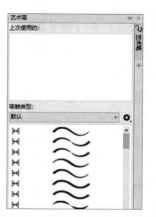

图 3-128　绘制心形　　　　　　　　图 3-129　调出【艺术笔】泊坞窗

步骤 02　在笔触类型下拉菜单中选择需要的笔触，单击即可应用到心形上，如图 3-130 所示。

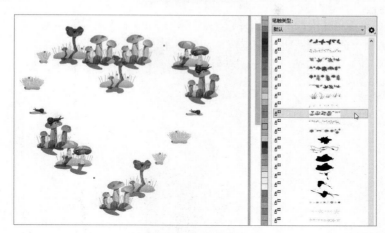

图 3-130　应用笔触

上机实战——绘制条纹手提袋

为了让读者巩固本章知识点，下面讲解一个技能综合实践案例，使读者对本章的知识有更深入的了解。

效果展示

思路分析

本例要绘制一个条纹手提袋，其图形统一而富有变化。绘制时先绘制手提袋的正面图形，再使用透视的方法制作立体效果，而不是直接绘制立体效果。

制作步骤

步骤 01 选择工具箱中的【钢笔工具】，绘制手提袋立体效果的基本图形，如图 3-131 所示。绘制一个矩形，填充为浅黄色，去除轮廓色，如图 3-132 所示。

步骤 02 绘制多个长矩形，分别填充为橘色、洋红色、青色、黄色，如图 3-133 所示。

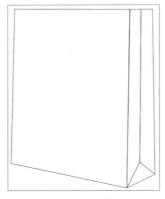　　　　

图 3-131　绘制基本图形　　　　　图 3-132　绘制矩形　　　　　图 3-133　绘制多个长矩形

步骤 03 绘制几个细长矩形，填充为不同的颜色，得到手提袋的正面图形，如图 3-134 所示。框选手提袋的正面图形，按快捷键【Ctrl+G】将其组合。

 温馨提示　为保证所有矩形的高度一致，可以使用复制矩形，再改变其宽度的方法。

步骤 04 选择条纹图形的左上角节点，移动捕捉到手提袋的左上节点，执行【对象】→【透视点】→【添加透视】命令，显示四个透视点，如图 3-135 所示，将透视点调整到手提袋立体效果图的正面图形上，如图 3-136 所示。

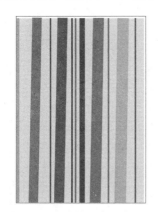　　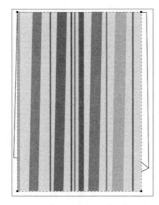　　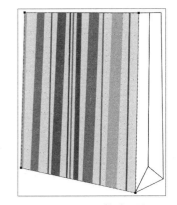

图 3-134　绘制几个细长矩形　　图 3-135　显示四个透视点　　图 3-136　调整透视点

步骤 05 填充手提袋侧面的三个图形为不同的橘色，体现其立体效果，如图 3-137 所示。

步骤 06 选择工具箱中的【3 点曲线】工具，绘制手提袋的绳子，并用【形状工具】调整其方向，颜色填充为棕色，轮廓宽度为 0.75mm，如图 3-138 所示。

步骤 07 按【F7】键，绘制两个圆，填充圆的颜色为棕色，本例最终效果如图 3-139 所示。

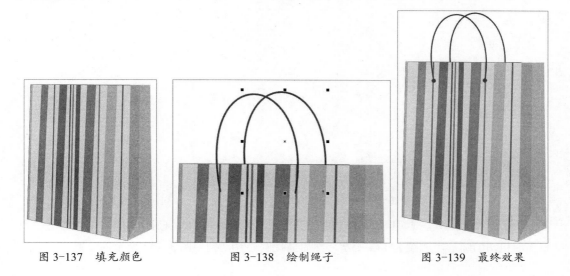

图 3-137　填充颜色　　　　　　图 3-138　绘制绳子　　　　　　图 3-139　最终效果

🌐 同步训练——绘制双箭头标志

为了增强读者的动手能力，下面安排一个同步训练案例，让读者达到举一反三、触类旁通的学习效果。

图解流程

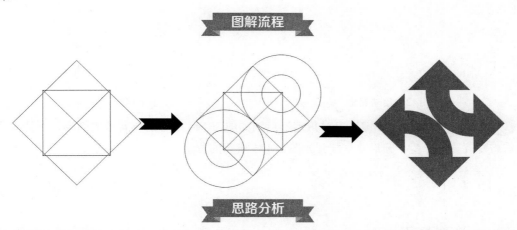

思路分析

本例绘制一个双箭头标志，先用矩形工具、2 点线工具、椭圆形工具等绘图工具绘制基本图形，然后通过等比缩放、捕捉特殊点、复制、删除虚拟段等命令进行调整，最后进行智能填充，完成绘制。

关键步骤

步骤 01 新建文件，按【F6】键切换到【矩形工具】□，按住【Ctrl】键绘制一个正方形，再用【2 点线】工具 连接对角线，如图 3-140 所示。

步骤 02 单击空白处取消选择，按【Y】键切换到【多边形工具】◯，在属性栏中将边数设为
"4"，按快捷键【Ctrl+Shift】捕捉对角线交点绘制一个菱形，如图 3-141 所示。

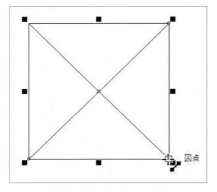

图 3-140 绘制正方形

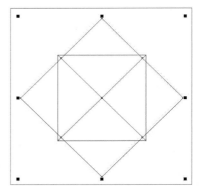

图 3-141 绘制菱形

步骤 03 按【F7】键切换到【椭圆形工具】◯，按快捷键【Ctrl+Shift】捕捉正方形上边中点绘
制与菱形相切的圆形，如图 3-142 所示，然后捕捉圆心移动到如图 3-143 所示的位置。

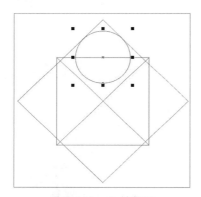

图 3-142 绘制圆形

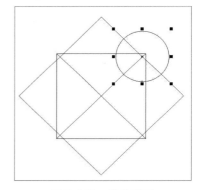

图 3-143 移动圆形

步骤 04 按住【Shift】键拖曳对角定界点到如图 3-144 所示的位置放大圆形，不释放鼠标左
键并右击复制。选择两个圆形并复制到如图 3-145 所示的位置。

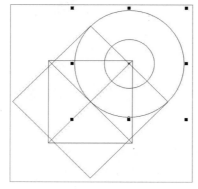

图 3-144 绘制圆形

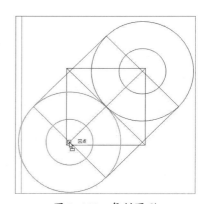

图 3-145 复制圆形

步骤05　切换到【虚拟段删除工具】，按住鼠标左键拖曳到需要删除的对象上，如图3-146所示，删除后得到一个双箭头图形，如图3-147所示。

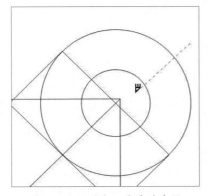

图 3-146　删除不需要的线段

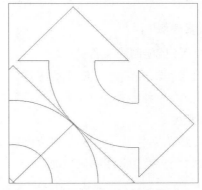

图 3-147　得到双箭头图形

步骤06　用同样的方法删除另一边的图形（当然也可以镜像复制已得到的图形），切换到【智能填充工具】，在需要填充的地方单击，如图3-148所示。再如法在另一个图形上单击，然后选择所有图形，右击底部的【文档调色板】的去色图标，效果如图3-149所示。

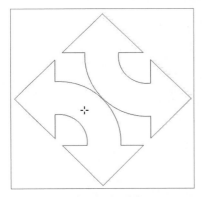

图 3-148　智能填充

图 3-149　双箭头标志效果

知识能力测试

本章介绍了如何在CorelDRAW中绘制直线和曲线，并详细介绍了曲线的编辑功能，为对知识进行巩固和考核，布置相应的练习题。

一、填空题

1.单击一个对象时，它的周围会出现_____个方形控制点，两次单击对象后再拖曳其四角的控制点可以进行_____。

2.绘制贝塞尔曲线时按住_____键且不释放鼠标左键可以移动节点，按_____键可以改变下一线段的切线方向。

3. 在绘制折线时，按住 _____ 键可绘制圆弧线。

4. CorelDRAW 路径三要素是 _____、_____、_____。

5. 要选择重叠在下面的图形，只需按 _____ 键单击图形即可。

二、选择题

1. 以下不能绘制线条的工具是（　　　　）。

A. 钢笔工具　　　　　　B. 手绘工具　　　　　　C. 形状工具　　　　　　D. 贝塞尔工具

2. 节点有三种形式，其中（　　　）两端的指向线是相互独立的，可以单独调节节点两边的线段的长度和弧度。

A. 尖突节点　　　　　　B. 平滑节点　　　　　　C. 平均节点　　　　　　D. 对称节点

3. 将对象转换为曲线的快捷键是（　　　）。

A. Q　　　　　　　　　B. Ctrl+Q　　　　　　　C. Shift+Q　　　　　　D. Ctrl+ Shift+Q

4. 切换到智能绘图工具的快捷键是（　　　）。

A. I　　　　　　　　　B. F5　　　　　　　　　C. Shift+S　　　　　　D. S

5. 能为已有图形便捷地绘制垂线或切线的工具是（　　　）。

A. 2 点线工具　　　　　B. 3 点曲线工具　　　　C. LiveSketch　　　　　D. B 样条

三、简答题

1.【钢笔工具】与【贝塞尔工具】有什么区别？

2. 艺术笔有哪些样式？

3. 增删节点有哪些方法？请列举 3 个以上的方法。

4. 如何优化图形的节点？

CorelDRAW 2022

第4章
对象的填充与轮廓笔的使用

丰富的色彩为我们带来了多姿多彩的世界，设计师结合自己的灵感，将变化万千的色彩充分地应用到创作中，为原本静止的画面赋予了独特的生命力，呈现出不同的情感。要很好地应用色彩，就需要掌握调配颜色和填充颜色的方法，本章将为读者详细介绍。

学习目标

- 掌握均匀填充与渐变填充的方法
- 掌握图样填充的方法
- 熟悉网状填充的方法
- 掌握交互式填充的技巧
- 掌握智能填充的应用
- 掌握轮廓笔的使用方法

4.1 均匀填充

色彩对于绘图作品来说是非常重要的。在 CorelDRAW 中，主要通过填充来完成图形对象的色彩设计。CorelDRAW 提供了多种色彩填充方式，其中均匀填充是最简单的色彩填充方式，也是最基础的色彩填充方式，用户必须掌握它的操作方法和使用技巧。

4.1.1 使用调色板填色

CorelDRAW 2022 中有默认调色板和文档调色板，可通过执行【窗口】→【调色板】命令打开。先选中填充的目标对象，再在调色板中选定的颜色上单击，就可以应用该颜色填充目标对象。也可将调色板中的颜色拖曳至目标对象上，当鼠标指针变为 ▶■ 形状时释放，即可完成对对象的填充。

4.1.2 使用编辑填充对话框填充

虽然 CorelDRAW 2022 默认的 CMYK 调色板中有 100 种颜色，但很多情况下，都需要自行对填充所使用的颜色进行设定。我们可以通过【编辑填充】对话框来完成，其操作方法如下。

选中要填充的目标对象，按快捷键【Shift+F11】，弹出【编辑填充】对话框，如图 4-1 所示。在对话框的颜色窗口中，可以直观地选定所需的颜色，也可以在右侧输入准确的颜色值进行设置。单击【OK】按钮后，就能应用所设定的颜色对对象进行填充。

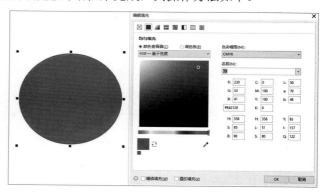

图 4-1　【编辑填充】对话框

4.1.3 使用颜色泊坞窗填充

对单色图形进行填充还可以使用【颜色】泊坞窗，它是标准填充的另一种形式，其操作方法如下。

选中对象，执行【窗口】→【泊坞窗】→【颜色】命令，就能在泊坞窗中设置精确的颜色参数，如图 4-2 所示，单击【填充】按钮即可填充。

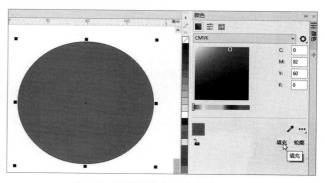

图 4-2　用【颜色】泊坞窗填充对象

4.1.4　使用颜色滴管工具和油漆桶工具填充

使用颜色滴管工具，可以将一个对象的颜色填充到另一个对象上。

用这种填充方式，颜色滴管工具会记录源对象的填充属性，包括标准填充、渐变填充、图案填充、底纹填充、PostScript填充及位图的颜色，然后自动切换到油漆桶工具为目标对象进行相同的填充，类似于直接复制粘贴源对象的填充，其操作方法如下。

步骤 01　单击工具箱中的【颜色滴管工具】🖉，在源对象上任意位置单击吸取颜色，如图4-3所示。

步骤 02　此时会自动切换到【油漆桶工具】🖎，在目标对象上单击，如图4-4所示，即可将吸取的颜色填充到目标对象上，如图4-5所示。

图 4-3　吸取颜色

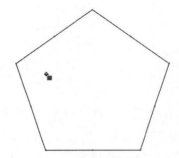

图 4-4　在目标对象上单击

图 4-5　填充对象

技能拓展

若要吸取其他地方的颜色，可按住【Shift】键切换回颜色滴管工具。

技能链接

【颜色滴管工具】中还有一个【属性滴管工具】🖉，可复制源对象的属性、变换与各种效果（可在属性栏中选择所需的选项）到目标对象，用法与【颜色滴管工具】类似。先切换到【属性滴管工具】，在源对象上单击，如图4-6所示，再在目标对象上单击，如图4-7所示，即可将属性复制到目标对象，如图4-8所示。

图 4-6　吸取属性

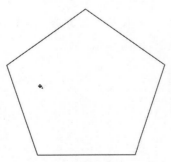

图 4-7　在目标对象上单击

图 4-8　复制属性

课堂范例——制作科技公司标志

步骤 01 按快捷键【F6】切换到【矩形工具】□，绘制一个矩形，按快捷键【Ctrl+Q】转曲，如图4-9所示。

步骤 02 按快捷键【F10】切换到【形状工具】，在矩形右上方添加两个节点，如图4-10所示。框选右上方两个节点并按住【Ctrl】键向右拖曳，如图4-11所示。

步骤 03 从水平标尺上拖曳辅助线对齐右边从上往下第二个节点，单击标准栏中 贴齐① ▾ 的下拉箭头，勾选"辅助线"复选框，选择右边从上往下第二个节点，按住【Ctrl】键向下拖曳对齐辅助线，如图4-12所示。

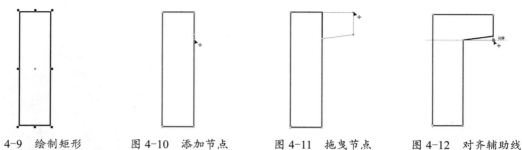

图 4-9　绘制矩形　　　　图 4-10　添加节点　　　　图 4-11　拖曳节点　　　　图 4-12　对齐辅助线

步骤 04 按空格键切换到【选择工具】，然后按住【Ctrl】键选择右中定界框向左拖曳，在不释放鼠标左键的同时右击镜像复制，如图4-13所示。按左方向键将镜像的图形略微移动，如图4-14所示。

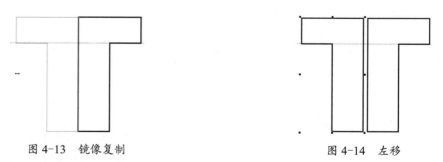

图 4-13　镜像复制　　　　　　　　　　图 4-14　左移

步骤 05 切换到【形状工具】，在图形左下方添加两个节点，如图4-15所示。框选左下方两个节点按住【Ctrl】键向左拖曳，如图4-16所示。

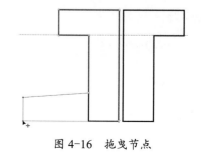

图 4-15　添加节点　　　　　　　　图 4-16　拖曳节点

步骤 06 将辅助线拖曳到从下往上第三个节点处，选择从下往上第二个节点按住【Ctrl】键拖曳对齐该辅助线，如图 4-17 所示。按空格键切换到【选择工具】，框选两个图形并再次单击，选择上中定界点按住【Ctrl】键向右拖曳倾斜图形，如图 4-18 所示。

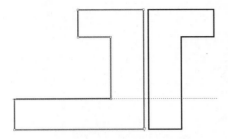

图 4-17　对齐辅助线

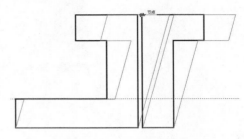

图 4-18　倾斜图形

步骤 07 选择辅助线，按【Delete】键删除，将左右图形分别填充为深蓝色、橘黄色，右击调色板上的☑去除轮廓色，如图 4-19 所示。按快捷键【F8】，输入文字，中文字体为正酷超级黑，英文字体为 Arial，调整好文字大小后将文字适当倾斜，最终效果如图 4-20 所示。

图 4-19　填充颜色

图 4-20　最终效果

4.2 填充对象

CorelDRAW 中的填充方式很多，其中渐变填充、图案填充、底纹填充等都能让图形有非常漂亮的变化，下面就来详细介绍这些填充方式的使用方法。

4.2.1 渐变填充

双击状态栏中的【填充】按钮，打开【编辑填充】对话框，单击对话框中的【渐变填充】按钮（快捷键【F11】），显示渐变填充参数面板，如图 4-21 所示。

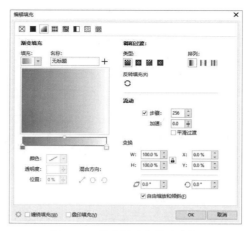

图 4-21 【编辑填充】对话框

1. 渐变填充类型

CorelDRAW 中主要有线性、椭圆形、圆锥形和矩形四种渐变填充类型，可以在【调和过渡】下单击需要的渐变填充类型，图 4-22 所示为双色填充的四种渐变类型。

线性渐变填充　　椭圆形渐变填充　　圆锥形渐变填充　　矩形渐变填充

图 4-22　渐变填充类型

2. 中点滑块

面板中默认有起始色和终点色两个色标，中点滑块用于设置两种颜色过渡的中点位置，图 4-23 所示为中点位置不同时的渐变效果。

图 4-23　中点位置不同时的渐变效果

3. 混合方向

渐变填充有三种混合方向，如图4-24所示。渐变的颜色由混合方向经过色轮的路径处颜色决定。

选择【线性颜色调和】，两种颜色在色轮上以直线方向渐变，如图4-25所示。选择【顺时针颜色调和】，两种颜色在色轮上以顺时针方向渐变，如图4-26所示。选择【逆时针颜色调和】，两种颜色在色轮上以逆时针方向渐变。

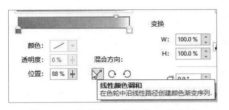

图4-24 【混和方向】的三种方式

图4-25 直线方向渐变

图4-26 顺时针方向渐变

4. 添加色标与改变色标颜色

在如图4-27所示的位置双击，即可添加色标，如图4-28所示。

选择色标，单击如图4-29所示的【节点颜色】下拉按钮，在打开的面板中设置所需的颜色，即可改变当前色标的颜色，如图4-30所示。在已有的色标上双击，即可删除色标。

图4-27 双击

图4-28 添加色标

图4-29 单击下拉按钮

图4-30 改变颜色

5. 预设渐变

【填充】下拉菜单中有预设渐变，可以直接使用，如图4-31所示，填充效果如图4-32所示。用户可以将下载或复制的渐变文件添加到预设里，还可以自定义渐变，以圆柱渐变为例，步骤如下。

步骤01 编辑好渐变，如图4-33所示。

图4-31 选择预设渐变

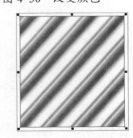

图4-32 填充效果

步骤 02 输入名称"圆柱渐变"，单击【另存为新】按钮＋，在弹出的对话框中选择类别，如图4-34所示，单击【保存】按钮。单击【填充】下拉按钮，可以看到最后一个预设即为自定义的渐变，如图4-35所示。

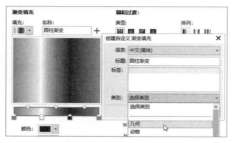

图 4-33　编辑渐变　　　　　　图 4-34　选择类别　　　　　　图 4-35　完成自定义渐变

4.2.2　图样填充

双击状态栏中的【填充】按钮◇，打开【编辑填充】对话框，此对话框中有向量图样填充▦、位图图样填充▧、双色图样填充▣三种图样填充方式，如图4-36所示。

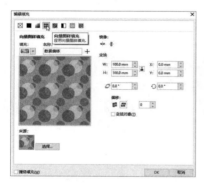
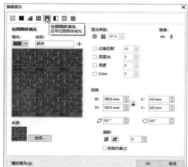
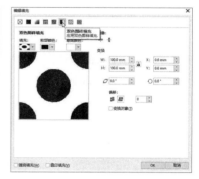

图 4-36　三种图样填充方式

- 向量图样填充：可以选择CorelDRAW提供的预设矢量图样进行填充。
- 位图图样填充：使用位图填充，可以用CorelDRAW预设的位图图样填充。
- 双色图样填充：双色图样填充实际上就是为简单的图案设置不同的前景色和背景色来形成填充效果，可以通过对前景色和后景色进行设置，来修改双色图样的颜色。

> **温馨提示** 默认预设图样较少，向量图样填充可以单击【选择】按钮载入矢量图文件（如".cdr"）进行填充，同样位图图样填充也可以单击【选择】按钮载入位图文件（如".jpg"）进行填充。

4.2.3　底纹填充

通过底纹填充，可以将模拟的各种材料底纹、材质或纹理填充到对象中，同时还可以修改、编辑这些底纹的属性。

　　CorelDRAW为用户提供了多种底纹样式，可以在【底纹库】中进行选择。在选定一种样式后，还可以在底纹设置区域中调整各项参数，得到一些效果不同的底纹，图4-37所示为【底纹填充】对应的参数面板，单击【随机化】按钮可以随机调整底纹参数生成丰富多样的底纹。

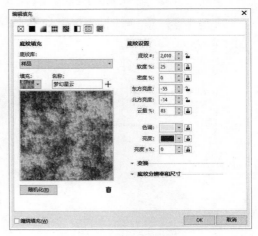

图 4-37　底纹填充

4.2.4　PostScript填充

　　PostScript填充是由PostScript语言编写出来的一种底纹，可以通过设置参数得到不同的底纹效果，图4-38所示为【PostScript填充】"爬虫"对应的参数面板。

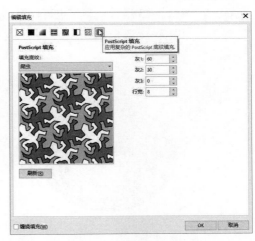

图 4-38　PostScript填充

4.2.5　交互式填充

　　交互式填充工具（快捷键【G】）操作方式非常灵活，选取需要填充的图形后，在属性栏中单击需要的填充模式按钮即可，如图4-39所示，属性栏将显示与之对应的属性选项。

图 4-39　交互式填充工具属性栏

以填充渐变色为例讲解此工具的使用，其操作步骤如下。

步骤01　单击工具箱中的【选择工具】按钮 ，选中要填充的对象，按快捷键【G】切换到【交互式填充工具】🖂，在属性栏中单击【渐变填充】按钮🔲，如图 4-40 所示。

步骤 02 在属性栏中单击【椭圆形渐变填充】按钮🔲，将白方块拖曳到椭圆的左上处，如图 4-41 所示。

步骤 03 在黑白方块之间的线上双击添加一个色标，如图 4-42 所示。

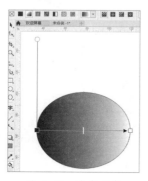

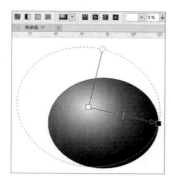

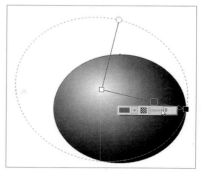

图 4-40 选中对象　　　　　图 4-41 椭圆形渐变填充　　　　　图 4-42 添加色标

步骤 04 颜色为默认的白色到黑色的渐变。在调色板中选择一种颜色，按住鼠标左键拖曳到色标上，如图 4-43 所示。当然也可以选择色标，单击【节点颜色】后的下拉按钮▾，在拾色器中选择颜色，如图 4-44 所示。

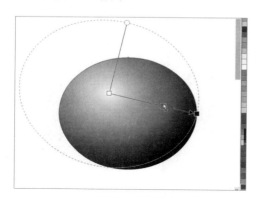

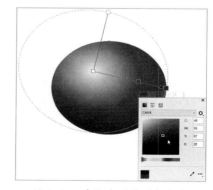

图 4-43 将调色板颜色拖曳到色标上　　　　　图 4-44 在拾色器中选择颜色

4.2.6 网状填充

网状填充是一种较为特殊的填充方式，它通过在对象上创建网格，然后在各个网格点上填充不同的颜色，从而得到一种特殊的填充效果。各个网格点上所填充的颜色会相互渗透、混合，使填充效果更加自然、有层次感。其操作步骤如下。

步骤 01 按【F7】键的同时按住【Ctrl】键，绘制一个圆，按快捷键【M】切换到【网状填充工具】🖵，选择最上面的节点，然后拖曳其方向点，如图 4-45 所示。用【形状工具】调整其他节点，效果如图 4-46 所示。

步骤 02 在水平虚线左右双击添加三条网格线，如图 4-47 所示。

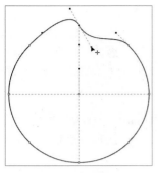
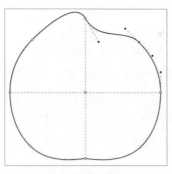
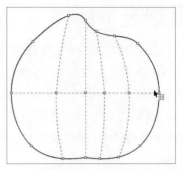

图 4-45　调整方向点　　　　　图 4-46　调整其他节点　　　　　图 4-47　添加网格线

温馨
提示　网状填充工具是唯一能修改对象形状的填充方式。

步骤 03　选择左边第一个网格线交点，填充为桃黄色，效果如图 4-48 所示。选择顶部节点，填充为桃红色，如图 4-49 所示。

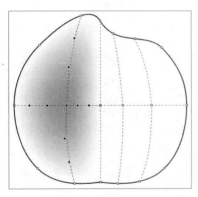
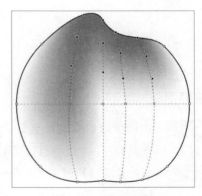

图 4-48　填充颜色　　　　　　　　　　　图 4-49　填充颜色

步骤 04　调整网格线交点的位置及方向点，如图 4-50 所示。选择下方的节点，填充的淡绿色，再将下方中间节点填充为绿色，桃子颜色填充完成，如图 4-51 所示。

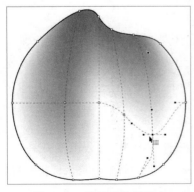
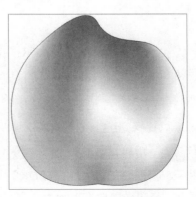

图 4-50　调整网格线交点　　　　　　　　图 4-51　网状填充效果

4.2.7 智能填充

在老版本的CorelDRAW中，要填充必须先闭合图形，否则无法填充，因此焊接节点使图形闭合这个环节会浪费很多时间。智能填充则不必焊接节点，只要形式上有封闭空间就能填充。其实质是在形式上封闭的空间内自动生成一个新图形并填充，并不影响原图形。

图 4-52 所示为三条直线段，切换到【智能填充工具】，在三条直线段围起的地方单击即可填充，切换到【选择工具】将填充对象移走，则会发现智能填充其实是新生成了一个图形并填充，如图 4-53 所示。

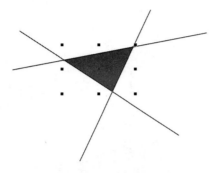

图 4-52　智能填充

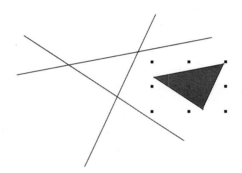

图 4-53　智能填充生成新图形

课堂范例——绘制篦扇

步骤 01　按快捷键【Y】切换到【多边形工具】，按住【Ctrl】键的同时拖曳鼠标左键，绘制一个正五边形，单击属性栏中的【垂直镜像】按钮，如图 4-54 所示。

步骤 02　执行【窗口】→【泊坞窗】→【角】命令，为五边形设置圆角，如图 4-55 所示。

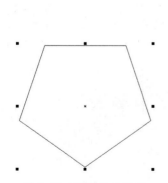

图 4-54　绘制正五边形

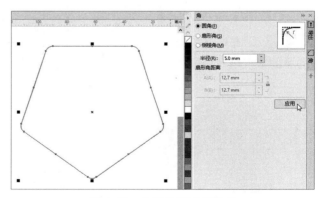

图 4-55　为五边形设置圆角

步骤 03　按快捷键【G】切换到交互式填充工具，在属性栏中单击【双色图样填充】按钮，选择如图 4-56 所示的图样，单击【OK】按钮，得到如图 4-57 所示的效果。将鼠标指针定位到右上旋转控制点，将图样向内拖曳缩小并旋转角度，如图 4-58 所示。

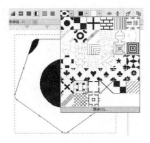

图 4-56 选择图样

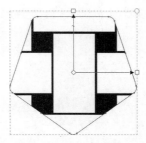

图 4-57 填充图样

图 4-58 改变图样大小及角度

步骤 04 在属性栏中将前景色改为深黄色,将背景色改为浅黄色,如图 4-59 所示。

步骤 05 按快捷键【F6】切换到【矩形工具】,绘制一个矩形并设置圆角,如图 4-60 所示。

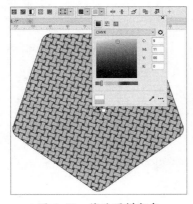

图 4-59 修改图样颜色

图 4-60 绘制矩形

步骤 06 按快捷键【G】切换到交互式填充工具,在属性栏中单击【底纹填充】按钮▦,选择【样本 8】下的【木纹】图样,如图 4-61 所示,单击【OK】按钮。按住【Ctrl】键从矩形左侧拖曳到右侧,如图 4-62 所示。

步骤 07 贴齐矩形边缘绘制一个小矩形,切换到【颜色滴管工具】吸取浅黄色,如图 4-63 所示,然后填充小矩形。

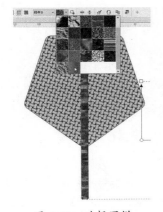

图 4-61 选择图样

图 4-62 填充图样

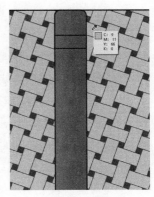

图 4-63 吸取颜色

步骤 08　按住【Ctrl】键向下拖曳复制小矩形，再按快捷键【Ctrl+R】重复多次，效果如图 4-64 所示。全选对象去除轮廓色，最终效果如图 4-65 所示。

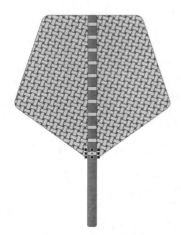
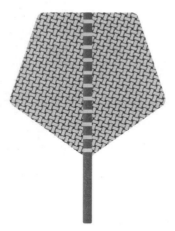

图 4-64　复制小矩形　　　　　图 4-65　最终效果

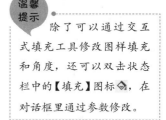

温馨提示　除了可以通过交互式填充工具修改图样填充和角度，还可以双击状态栏中的【填充】图标◈，在对话框里通过参数修改。

4.3　轮廓笔

轮廓是图形的一个重要元素，在 CorelDRAW 中轮廓笔有丰富的参数。

选中对象，双击状态栏中的【轮廓工具】⬚或按快捷键【F12】，即可打开如图 4-66 所示的【轮廓笔】对话框。

图 4-66　【轮廓笔】对话框

- 颜色：可精确设置轮廓笔的颜色，单击下拉按钮▼可以选择色彩模式填入精确的颜色值，也可以通过拾色器、颜色滑块或调色板确定颜色。

- 宽度：设置轮廓线的粗细，一般设置单位为点、像素或毫米。

- 风格：设置线型，如虚线、点画线等。

- 角：设置轮廓拐角形状，有斜接角、圆角和斜切角三种样式。

- 线条端头：设置线端形状，有方形端头、圆形端头和延伸方形端头三种样式。

- 位置：设置轮廓描边对齐方式，有外部轮廓、居中轮廓和内部轮廓三种样式。

- 箭头：设置线条的起始箭头和终止箭头样式。

- 填充之后：轮廓的默认位置为填充对象的前面，勾选【填充之后】复选框，轮廓就会以 50% 的宽度位于填充对象的后面，从而加强图形对象的清晰度。图 4-67 所示为勾选【填充之后】前后的效果对比。

● 随对象缩放：勾选该复选框，在对图形对象进行缩放操作时，轮廓线的粗细会随之成比例变化。反之，轮廓线的粗细不会随图形对象大小的变化而变化。图 4-68 所示为勾选【随对象缩放】前后的效果对比。

图 4-67　勾选【填充之后】前后的效果对比　　　　图 4-68　勾选【随对象缩放】前后的效果对比

（1）选中对象，在对象的属性栏中，可以快捷地设置轮廓线的宽度、风格和箭头。

（2）1 英寸≈25.4 毫米，1pt≈0.353 毫米。

课堂范例——双线条文字设计

步骤 01　按【F8】键，输入文字，字体为Impact，字体大小为200pt，如图 4-69 所示。单击调色板中的无色图标□，右击调色板中的黑色图标，按快捷键【F12】将轮廓宽度改为10pt，如图 4-70 所示，单击【OK】按钮。

图 4-69　输入文字　　　　　　　　　图 4-70　制作镂空文字

步骤 02　按快捷键【Ctrl+Shift+Q】将轮廓转换为普通对象。单击调色板中的无色图标□，右击调色板中的黑色图标，得到双条线文字，如图 4-71 所示。

步骤 03　在属性栏中设置轮廓宽度为3pt，选择风格为虚线，右击调色板中的洋红色为其描边，得到如图 4-72 所示的效果。

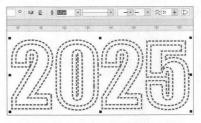

图 4-71　制作双条线文字　　　　　　图 4-72　虚线文字

步骤 04　按住【Alt】键单击如图 4-73 所示位置选中隐藏的文字，按快捷键【F12】设置轮廓宽度为3pt，颜色为蓝色，如图4-74所示，单击【OK】按钮完成。

图 4-73　按住【Alt】键单击

图 4-74　最终效果

🎤 课堂问答

在学习了本章知识与技能后，还有哪些需要掌握的难点知识呢？下面将为读者讲解本章的疑难问题。

问题1：如何使用网状填充工具为复杂的图形上色?

答：网状填充工具填充的图形有四个关键点，控制着网格的走向。如何将控制点放在想要的位置呢？可以借助矩形工具来操作，具体方法如下。

步骤 01　选择工具箱中的【钢笔工具】🖊，绘制香蕉图形，如图4-75所示。然后绘制一个矩形，按快捷键【M】切换到【网状填充工具】🔲，设置网格为2行3列，如图4-76所示。

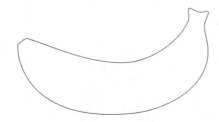

图 4-75　绘制香蕉图形

图 4-76　绘制矩形并设置网状填充

步骤 02　执行【查看】→【线框】命令，使矩形与香蕉图形重叠，调整矩形的形状与香蕉图形重叠，矩形的四个控制点对应香蕉的四个控制点，如图4-77所示。

步骤 03　执行【查看】→【增强】命令，选择工具箱中的【形状工具】🔲，框选所有的节点，填充香蕉图形颜色为黄色，如图4-78所示。

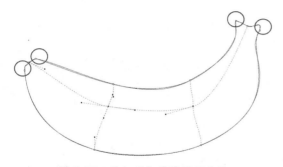

图 4-77　使矩形与香蕉图形重叠

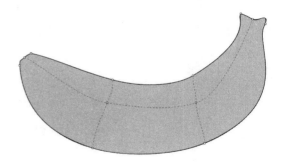

图 4-78　填充香蕉图形颜色为黄色

步骤 04 将鼠标指针放在如图 4-79 所示的位置，双击添加节点。按住【Shift】键，加选如图 4-80 所示的节点，填充节点为浅黄色。

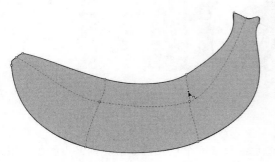

图 4-79 放置鼠标指针

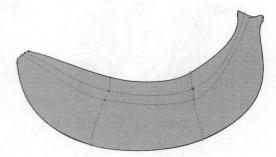

图 4-80 加选节点

步骤 05 沿网格线填充的效果如图 4-81 所示。可以看出左侧效果不错，但右侧光影关系不明显，可以在右侧网格线上双击添加一条网格线，如图 4-82 所示。

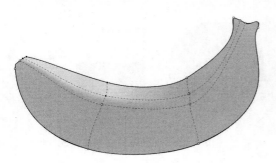

图 4-81 填充效果

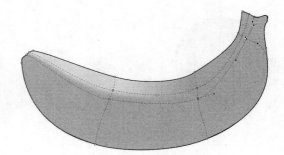

图 4-82 添加网格线

步骤 06 框选如图 4-83 所示的节点，单击【文档调色板】上的浅黄色进行填充，然后去除轮廓色，效果如图 4-84 所示。

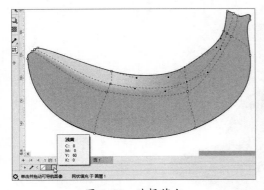

图 4-83 选择节点

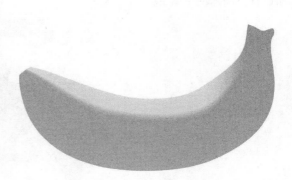

图 4-84 网状填充效果

问题 2：在绘图时出现了飞边该如何处理？

答：有时为文字描边会出现飞边的问题，如图 4-85 所示。这是由于轮廓线为尖角，按快捷键

【F12】改为圆角就能解决这个问题，如图 4-86 所示。

图 4-85　飞边问题

图 4-86　改为圆角

问题 3：如何填充层次明显的渐变色？

答：默认两种颜色的渐变步长是 256，即起始颜色经过 256 个过渡色才会变为终点颜色。填充层次明显的渐变色只需调整渐变步长即可。例如，先绘制一个圆，填充从红色到黄色的椭圆形渐变，如图 4-87 所示，然后将其【步骤】（即步长）改为"9"，就出现了层次比较明显的渐变填充效果，如图 4-88 所示。

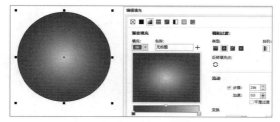

图 4-87　默认的渐变填充

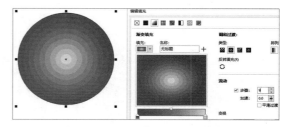

图 4-88　减少步长的渐变填充

📷 上机实战——给立体企鹅宝宝上色

学完本章内容后，为了让读者巩固本章知识点，下面讲解一个技能综合案例，使读者对本章的知识有更深入的了解。

效果展示

通过对本例的学习，读者可以掌握制作立体感卡通动物的方法。本例先打开素材，然后使用渐变色、单色的填充方法为企鹅填色。

制作步骤

步骤 01 打开"素材文件\第 4 章\企鹅宝宝.cdr"，如图 4-89 所示。选择企鹅身体的图形，按快捷键【G】在属性栏中选择【渐变填充】，选择椭圆形渐变填充，双击颜色轴添加一个色标，分别设置几个控制点的颜色为不同的蓝色，如图 4-90 所示。

图 4-89 打开素材

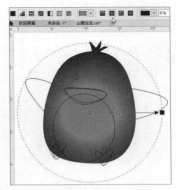

图 4-90 椭圆形渐变填充

步骤 02 将企鹅的肚子填充为白色，眼睛填充为黑色，如图 4-91 所示。

步骤 03 选中企鹅嘴巴的上半部分，为其应用椭圆形渐变填充，分别将颜色设置为黄色和橘色，如图 4-92 所示。选中企鹅嘴巴的下半部分，填充为更深的颜色，如图 4-93 所示。

图 4-91 为眼睛和肚子填充颜色

图 4-92 椭圆形渐变填充

图 4-93 填充颜色

步骤 04 选中企鹅左侧的翅膀，为其应用椭圆形渐变填充，填充不同的蓝色，如图 4-94 所示。选中左侧的翅膀，按住鼠标右键拖曳到右侧的图形上，释放鼠标，在弹出的快捷菜单中选择【复制填充】命令，复制填充色，如图 4-95 所示。

步骤 05 为企鹅的脚填充橘红、浅橘红和黄色，如图 4-96 所示。

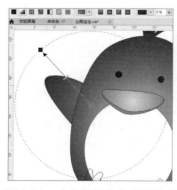

图 4-94 为左侧翅膀应用椭圆形
渐变填充

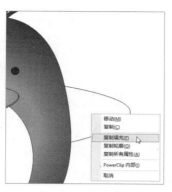

图 4-95 复制填充

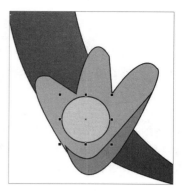

图 4-96 填充颜色

步骤 06 按住鼠标右键从左脚拖曳到右脚复制填充，如图 4-97 所示，然后全选对象去除轮廓色，最终效果如图 4-98 所示。

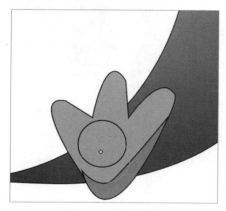

图 4-97 复制填充

图 4-98 最终效果

🌐 同步训练——绘制电脑开机按钮

为了增强读者的动手能力，下面安排一个同步训练案例，让读者达到举一反三、触类旁通的学习效果。

图解流程

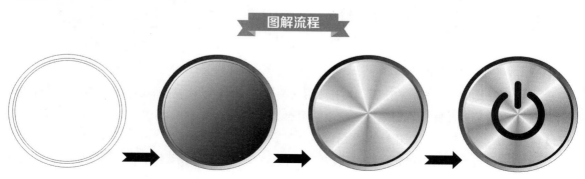

思路分析

本例绘制一个电脑开机按钮,先绘制 3 个同心圆,填充线性渐变和圆锥形渐变,添加色标改变颜色并调整位置,再以圆弧和 2 点线工具绘制开机标志,修改其轮廓属性即可。

关键步骤

步骤 01 按快捷键【F7】切换到【椭圆形工具】,并按住【Ctrl】键绘制一个圆,将鼠标指针定位到右上方点按住【Shift】键向内拖曳,如图 4-99 所示,然后不释放鼠标左键并右击复制一个圆。继续等比缩小并复制一个圆,如图 4-100 所示。

步骤 02 选择最大的圆,按快捷键【G】切换到【交互式填充工具】,按住鼠标左键从圆的左上角拖曳到右下角,填充黑白线性渐变,如图 4-101 所示。

图 4-99 绘制圆并复制

图 4-100 等比缩小并复制

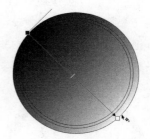
图 4-101 渐变填充

步骤 03 按空格键切换到【选择工具】,选择中间的圆,再按空格键切换到【交互式填充工具】,按住鼠标左键从圆的右下角拖曳到左上角,如图 4-102 所示。

步骤 04 按空格键切换到【选择工具】,选择最小的圆,再按空格键切换到【交互式填充工具】,在属性栏中选择【渐变填充】 ,选择【圆锥形渐变填充】,如图 4-103 所示。

图 4-102 填充中间的圆

图 4-103 圆锥形渐变填充

步骤 05 在圆形色轴上双击添加一个色标,然后将调色板上的白色拖曳到新的色标上,如图 4-104 所示。用同样的方法添加色标,并将 "40% 黑色" 拖曳到上面,如图 4-105 所示。

步骤 06 用同样的方法继续添加色标并间隔填充白色和 40% 黑色,如图 4-106 所示。左边有并排的黑白两个色标,表示起点和终点,只需将它们改为一种颜色即可,本例改为 40% 黑色完成圆锥形渐变的编辑，如图 4-107 所示。

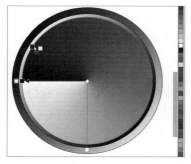 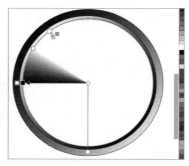 

图 4-104　添加色标并修改颜色　图 4-105　继续添加色标并修改颜色 图 4-106　继续添加色标并修改颜色

步骤 07　按快捷键【F7】切换到【椭圆形工具】，按住快捷键【Ctrl+Shift】从圆锥形渐变中心绘制一个圆，在属性栏中单击【弧形】，再按快捷键【F10】切换到【形状工具】，选择起点，在圆弧外拖曳调整，随后拖曳终点调整，如图 4-108 所示。切换到【2 点线】工具，按住【Shift】键绘制一条直线段，如图 4-109 所示。

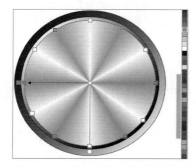  

图 4-107　完成圆锥形渐变的编辑　图 4-108　调整圆弧起点和终点　　图 4-109　绘制直线段

步骤 08　选择圆弧和直线段，按快捷键【F12】调出【轮廓笔】对话框，修改宽度与线条端头，如图 4-110 所示，单击【OK】按钮。

步骤 09　选择外面三个圆形，右击调色板上的☑去除轮廓色，如图 4-111 所示。选择最大的圆，切换到【阴影工具】，按住鼠标左键稍微拖曳添加阴影，最终效果如图 4-112 所示。

图 4-110　修改轮廓参数　　　图 4-111　去除轮廓色　　　图 4-112　电脑开机按钮效果

知识能力测试

本章讲解了CorelDRAW 2022中对象填充与轮廓笔的相关知识与技能，为对知识点进行巩固和考核，下面布置相应的练习题。

一、填空题

1. 在CorelDRAW 2022中有 _____、_____、_____三种图样填充。

2. 在CorelDRAW 2022中有 _____、_____、_____、_____四种渐变填充的类型。

3. 1英寸约等于 _____毫米，1pt（点）约等于 _____毫米。

二、选择题

1. 编辑渐变填充时，可以在渐变色彩轴上（　　　）添加色标，然后在右侧的调色板中设置颜色。

A. 单击左键　　　　　B. 双击左键　　　　　C. 双击右键　　　　　D. 右击

2. 能改变对象形状的填充是（　　　）。

A. 智能填充　　　　　B. 网状填充　　　　　C. 渐变填充　　　　　D. 图样填充

3. 打开【均匀填充】对话框的快捷键是（　　　）。

A. F11　　　　　　　B. Shift+F11　　　　　C. G　　　　　　　　D. M

4. 交互式填充工具的作用是（　　　）。

A. 填充渐变　　　　　　　　　　　　　　B. 填充纹理

C. 填充单色　　　　　　　　　　　　　　D. 填充除网格填充之外的各种颜色和图案

三、简答题

1. 如何把自定义渐变添加到预设中？

2. 如何为任意形状设置圆角？

CorelDRAW 2022

第5章
对象的编辑

　　对象的编辑包括焊接对象、修剪对象、相交对象等。除此之外，还应掌握对象顺序的调整、组合对象与合并对象等对象的编辑操作。本章将为读者详细介绍编辑对象的方法。

学习目标

- 掌握对象造形的方法
- 熟悉调整对象顺序的方法
- 掌握组合对象与合并对象的方法
- 掌握对齐与分布对象的方法
- 熟悉精确变换对象的方法
- 了解对象的裁剪与整形方法
- 了解透视绘图的原理与方法

5.1 对象的造形

CorelDRAW具有强大的造形功能，焊接、修剪和相交三个命令是其中最基本的命令。

执行【对象】→【造形】→【形状】命令，或者执行【窗口】→【泊坞窗】→【形状】命令，打开【形状】泊坞窗，在此面板中有与造形菜单对应的七个功能选项，如图 5-1 所示。同时选中两个以上的对象，属性栏中也会显示造形命令的七个按钮，如图 5-2 所示。

图 5-1 【形状】泊坞窗

图 5-2 属性栏中的造形命令按钮

在【形状】泊坞窗中，有【保留原始源对象】和【保留原目标对象】两个选项。先选择的对象为原始源对象，后选择的对象为目标对象。在造形操作中，原始源对象可以有多个，而目标对象只能有一个。如果原始源对象和目标对象的属性不一样，如填充属性、轮廓属性等，最后得到的新对象的属性由目标对象决定。

5.1.1 焊接对象

焊接对象的具体操作方法如下。

步骤 01 选择需要焊接的多个对象，如图 5-3 所示。

步骤 02 单击属性栏中的【焊接】按钮 ，即可将它们焊接在一起，如图 5-4 所示。

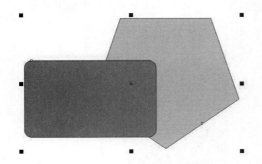

图 5-3 选择对象

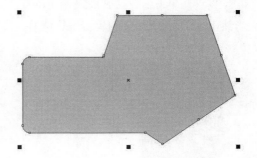

图 5-4 焊接对象

温馨提示

焊接命令用于将两个或多个重叠或分离的对象焊接在一起，从而形成一个单独的对象。

若要保留原始源对象或原目标对象，则可用【形状】泊坞窗进行造形操作，步骤如下。

步骤 01　选择原始源对象，如图 5-5 所示。

步骤 02　在【形状】泊坞窗中的下拉列表中选择【焊接】选项命令并勾选【保留原始源对象】复选框，单击【焊接到】按钮，如图 5-6 所示，然后单击目标对象，如图 5-7 所示，即可焊接目标对象，移开焊接对象可看到保留了原始源对象，如图 5-8 所示。

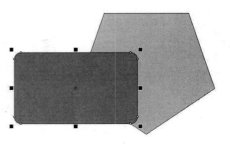

图 5-5　选择原始源对象

图 5-6　【形状】泊坞窗

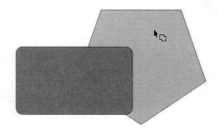

图 5-7　单击目标对象

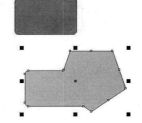

图 5-8　焊接并保留原始源对象

焊接后得到的对象是一个单独的新对象。如果焊接的多个对象没有相互重叠，那么在焊接完成后，还可以使用【对象】菜单中的【拆分曲线】命令将其拆分成焊接前的对象；如果焊接的多个对象相互重叠，其相交部分的轮廓会消失，成为一个具有完整外框轮廓的新对象，无法再使用【拆分曲线】命令进行拆分。

5.1.2　修剪对象

修剪对象的具体操作方法如下。

步骤 01　选择两个对象，如图 5-9 所示。

步骤 02　单击属性栏中的【移除前面的对象】按钮，即可修剪目标对象，效果如图5-10所示。当然，也可用【形状】泊坞窗进行修剪操作。

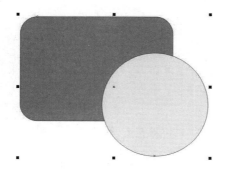

图 5-9　选择对象

图 5-10　修剪对象

温馨
提示

（1）修剪命令用于将一个对象中多余的部分剪掉。修剪的两个对象必须是重叠的。

（2）造形后的对象将保留目标对象的属性。

（3）CorelDRAW 中的前后关系可以理解为上下关系，上面的对象为后，下面的对象为前，因为默认先画的对象在下，后画的对象在上。

5.1.3　相交对象

相交对象的具体操作方法如下。

步骤 01　选择两个对象，单击属性栏中的【相交】按钮🖳，如图 5-11 所示。

步骤 02　用【选择工具】🖎拖曳相交后的对象，效果如图 5-12 所示。

当然，也可用【形状】泊坞窗进行相交操作。

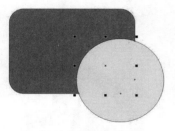
图 5-11　相交对象

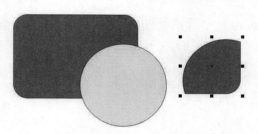
图 5-12　拖曳相交后的对象

温馨
提示

如果目标对象与原始源对象并无相交部分，则无法使用此命令。

📚 课堂范例——绘制中国银行标志

步骤 01　按快捷键【F7】切换到【椭圆形工具】，按住【Ctrl】键绘制一个圆，然后将鼠标指针定位到右上方点，按住【Shift】键向内拖曳缩小，在不释放鼠标左键的同时右击复制，如图 5-13 所示。按快捷键【F6】切换到【矩形工具】，按快捷键【Alt+Z】打开【贴齐对象】，捕捉中心，如图 5-14 所示，然后按住快捷键【Ctrl+Shift】绘制一个正方形。

步骤 02　将鼠标指针定位到正方形右上方点，按住【Shift】键向内拖曳缩小，在不释放鼠标左键的同时右击，将正方形等比缩小复制一个，如图 5-15 所示。

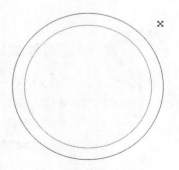
图 5-13　绘制两个圆

步骤 03　捕捉内部圆上方象限点，按住快捷键【Ctrl+Shift】绘制一个正方形，释放鼠标左键后拖曳下中方点到内轮廓处，如图 5-16 所示，然后按住【Ctrl】键将其拖曳复制到下方。

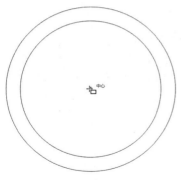

图 5-14　贴齐中心

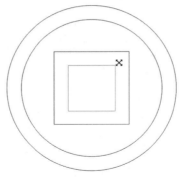

图 5-15　复制正方形

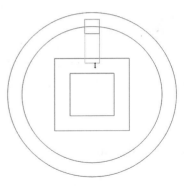

图 5-16　不等比缩放正方形

步骤 04　选择外部的正方形，将其圆角处理。按住【Shift】键点选两个圆，单击属性栏中的【移除前面对象】按钮，如图 5-17 所示。用同样的方法处理两个正方形。

步骤 05　框选所有对象，单击属性栏中的【焊接】按钮，如图 5-18 所示。

步骤 06　将焊接后的图形填充为红色并去除轮廓色，中国银行标志绘制完成，效果如图 5-19 所示。

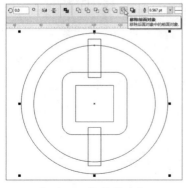

图 5-17　修剪圆对象

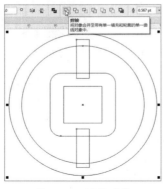

图 5-18　焊接对象

图 5-19　完成绘制

5.2　调整对象顺序

在 CorelDRAW 中创建对象时，对象是按创建的先后顺序排列在页面中的，最先绘制的对象位于最下层，最后绘制的对象位于最上层。在绘制过程中，多个对象重叠在一起时，上面的对象会将下面的对象遮住。在 CorelDRAW 中可以执行【对象】→【顺序】命令调整对象的顺序，还可以调整图层的顺序。

5.2.1　调整对象顺序

选择需要调整顺序的对象，执行【对象】→【顺序】菜单里的命令或按快捷键，可以快速调整对象顺序，如图 5-20 所示。

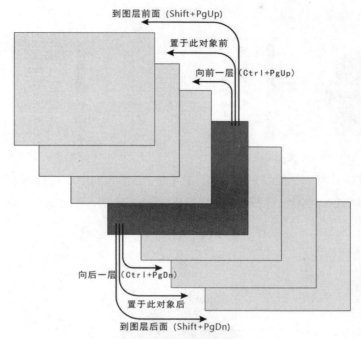

图 5-20 调整对象顺序示意图

若需要完全颠倒对象顺序，只需先选择对象，如图 5-21 所示，然后执行【对象】→【顺序】→【逆序】命令即可，如图 5-22 所示。

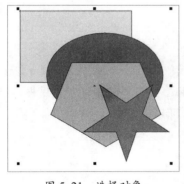

图 5-21 选择对象

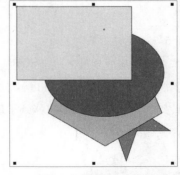

图 5-22 逆序效果

5.2.2 调整对象图层顺序

CorelDRAW 中也有图层，只是用得比较少，因为它大多数时候是用来查看及管理复杂对象的。单击【窗口】→【泊坞窗】→【对象】菜单就能打开【对象】泊坞窗，如图 5-23 所示。通过【对象】泊坞窗可以清楚地看到对象的排列顺序，单击泊坞窗中的对象名称即可选择对象，按住【Ctrl】键可不连续多选，按住【Shift】键则可连续多选。选择一个对象直接拖曳可以调整对象的顺序。例如，选择矩形，按住鼠标左键将其拖曳到多边形上方，如图 5-24 所示，释放鼠标左键即可调整顺序。

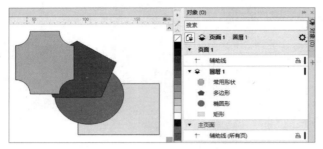

图 5-23 【对象】泊坞窗

图 5-24 拖曳调整对象顺序

CorelDRAW 默认只有一个图层"图层 1"，在【对象】泊坞窗中单击【新建图层】按钮可以创建图层，如图 5-25 所示。创建一个新图层"图层 2"并选择图层，在上面绘制一个星形，如图 5-26 所示。

图 5-25 新建图层

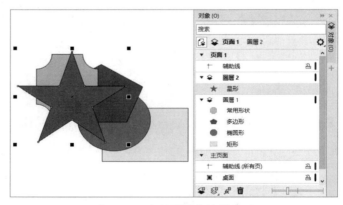

图 5-26 在新图层上绘制图形

此时若想把星形放到最下层，按快捷键【Shift+PgDn】无效，但可以执行【对象】→【顺序】→【到页面背面】命令（快捷键【Ctrl+End】）。执行这个命令时会弹出如图 5-27 所示的提示框，单击【OK】按钮则会转到"图层 1"且星形被移到了最下层，如图 5-28 所示。

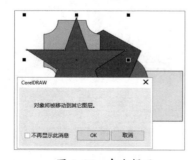

图 5-27 命令提示

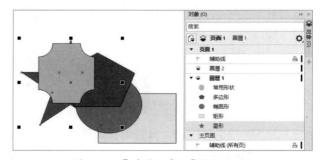

图 5-28 【到页面背面】执行效果

也可以通过【到页面前面】命令将某些对象移到其他图层。在【对象】泊坞窗中选择矩形，按住

【Ctrl】键加选星形，如图5-29所示，按快捷键【Ctrl+Home】将会弹出与图5-27所示一样的提示框，单击【OK】按钮则会转到"图层2"且矩形和星形被移到了最上层，如图5-30所示。

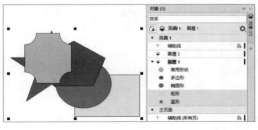
图 5-29　选择对象

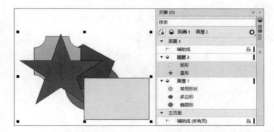
图 5-30　【到页面前面】执行效果

5.3 组合对象与合并对象

组合对象是将多个对象组合成一个整体对象，合并对象是将多个不同的对象合并为同一个对象，下面将分别介绍。

5.3.1 组合对象

【组合对象】命令在老版本CorelDRAW中称为"群组"，即将多个对象捆绑组成一个形式上的对象。在页面中框选两个或两个以上的对象，执行【对象】→【组合】→【组合】命令或按快捷键【Ctrl+G】即可组合对象。

当填充或变换组合对象时，组合对象中的所有对象都会被填充或变换。选中如图5-31所示的两个图形，按快捷键【Ctrl+G】将它们组合，执行移动命令时，被组合的两个图形都会移动，如图5-32所示。

图 5-31　选中图形

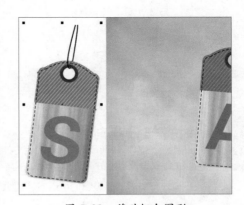
图 5-32　移动组合图形

执行【对象】→【取消组合】命令、单击【选择工具】属性栏中的【取消组合对象】按钮或【取消全部组合对象】按钮 ，都可以取消组合对象。

> 温馨
> 提示
> （1）将已组合的对象再次组合，称为"嵌套组合"。【取消组合对象】（快捷键【Ctrl+U】）只能取消上一次的组合，【取消全部组合对象】可以取消所有组合。
> （2）要编辑组合对象内的子对象不用取消组合，可按住【Ctrl】键单击子对象。
> （3）在【对象】泊坞窗中将一个对象名称拖曳到另一个对象名称上就可以组合对象，展开三角形，将对象名称拖曳出来则可取消组合。

5.3.2 合并对象

【合并】命令在老版本 CorelDRAW 中称为"结合"，与【组合】命令的功能比较相似，不同的是合并后的对象是一个全新的对象。在合并前有重叠的对象，合并后偶次重叠的部分将会出现镂空效果。具体操作方法如下。

步骤 01 绘制一个椭圆，旋转再制，填充不同的颜色，然后全选对象，如图 5-33 所示。

步骤 02 按快捷键【Ctrl+L】执行【合并】命令，生成的对象会保留所选对象中位于最下层的对象的填充颜色、轮廓色及轮廓宽度等属性，偶次重叠的部分为镂空，如图 5-34 所示。

步骤 03 选中合并后的对象，按快捷键【Ctrl+K】可以将合并的对象拆分为独立的对象，选择其中一个对象进行编辑其他对象不受影响，如图 5-35 所示。对象拆分后非原目标对象的填充和轮廓属性不能回到之前状态。

图 5-33 全选对象

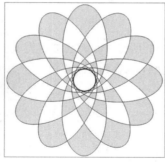
图 5-34 合并对象

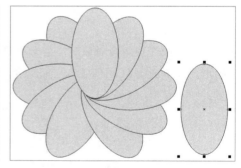
图 5-35 拆分对象

5.4 对齐与分布对象

当页面上有多个对象时，通常需要将这些对象进行对齐和分布操作，CorelDRAW 提供了对齐和分布功能，通过它们可以方便地组织和排列对象，使画面更整齐、美观。

5.4.1 对齐对象

使用CorelDRAW提供的对齐功能，可以使多个对象在水平或垂直方向上按需求对齐。具体操作方法如下。

步骤01 在页面中同时选中两个或两个以上的对象，执行【对象】→【对齐与分布】命令（快捷键【Ctrl+Shift+A】），打开【对齐与分布】泊坞窗，也可以单击属性栏中的【对齐与分布】按钮打开泊坞窗，如图5-36所示。

步骤02 在【对齐】面板中可设置选定对象在水平或垂直方向上的对齐方式。其中水平方向上有顶部、水平居中、底部三种对齐方式，垂直方向上有左、垂直居中、右三种对齐方式，如图5-37所示。

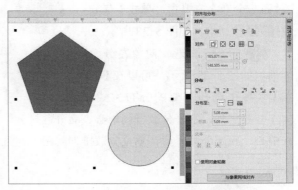

图5-36 【对齐与分布】泊坞窗

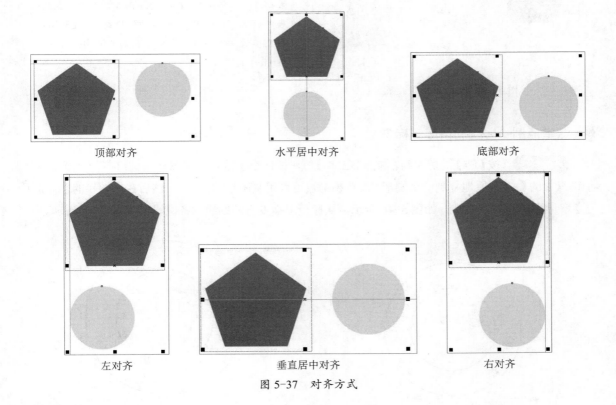

顶部对齐　　　　　　水平居中对齐　　　　　　底部对齐

左对齐　　　　　　垂直居中对齐　　　　　　右对齐

图5-37 对齐方式

5.4.2 分布对象

使用CorelDRAW提供的分布功能，可以使多个对象在水平或垂直方向上成规律分布。其操作方法如下。

步骤 01　在页面中同时选中三个或三个以上的对象，单击属性栏中的【对齐与分布】按钮 ▣ ，打开【对齐与分布】泊坞窗，单击【左分散排列】按钮 ◫ ，如图 5-38 所示。

步骤 02　将选定对象左分散排列，如图 5-39 所示。可以在【分布】区域中选择需要的分布方式，

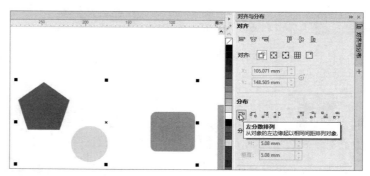

图 5-38　单击【左分散排列】按钮

如左分散排列、水平分散排列中心、右分散排列、水平分散排列间距、顶部分散排列、垂直分散排列中心、底部分散排列、垂直分散排列间距，并且这些分布方式可以组合使用。

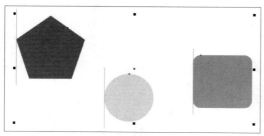

图 5-39　左分散排列效果

> 温馨提示
>
> 对齐的快捷键是相应英文首字母：左（L）、右（R）、水平居中（C）、顶（T）、底（B）、垂直居中（E）、页面（P）。分布的快捷键则是【Shift+相应英文首字母】，如左分散排列的快捷键为【Shift+L】。

课堂范例——绘制百度云标志

步骤 01　按【F7】键切换到【椭圆形工具】○ ，按住【Ctrl】键拖曳鼠标左键绘制一个圆形，按小键盘上的【+】键原地复制一个圆形（没有小键盘可以用复制粘贴命令），然后在属性栏的【缩放因子】增量框里输入"61.8"，如图 5-40 所示。从标尺上拖曳出辅助线贴齐圆心，如图 5-41 所示。

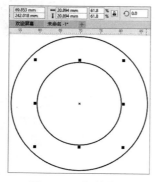

图 5-40　绘制圆形

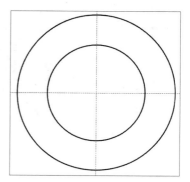

图 5-41　添加辅助线

步骤 02　用鼠标指针捕捉大圆左上边缘，拖曳到小圆右下边缘如图 5-42 所示处复制图形，用同样的方法将图形复制到左侧，如图 5-43 所示。

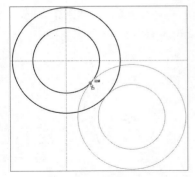

图 5-42 复制图形

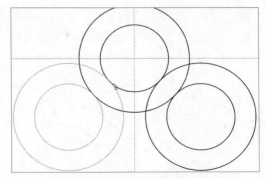

图 5-43 继续复制图形

步骤 03 切换到【3 点矩形工具】，贴齐左侧小圆的边缘，按住鼠标左键拖曳到右侧圆"切线"处释放，如图 5-44 所示，再拖曳到左侧大圆下边缘单击绘制一个斜向矩形。

步骤 04 选择上面两个圆，单击属性栏中的【合并】按钮 ，将其合并，如图 5-45 所示。用同样的方法处理左右侧的两个圆。

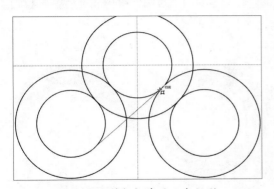

图 5-44 捕捉切线画 3 点矩形

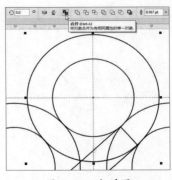

图 5-45 合并圆

步骤 05 按住【Shift】键点选下面两个圆环和矩形，单击属性栏中的【焊接】按钮 ，效果如图 5-46 所示。

步骤 06 拖曳出一条水平辅助线贴齐右侧圆环中心，绘制一个贴齐圆环两个象限点的圆，如图 5-47 所示。

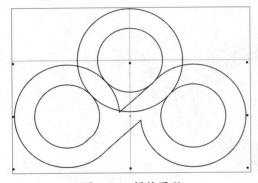

图 5-46 焊接图形

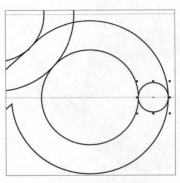

图 5-47 绘制圆

步骤 07　继续创建辅助线，单击标准栏贴齐① ▼ 后的 ▼，勾选【辅助线】复选框，复制出两个小圆，如图 5-48 所示。切换到【贝塞尔工具】，贴齐对象绘制如图 5-49 所示的图形。

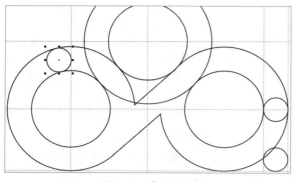

图 5-48　复制小圆

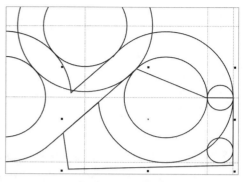

图 5-49　绘制图形

步骤 08　按住【Shift】键点选已焊接的圆环，单击属性栏中的【移除前面对象】按钮 🔲，修剪后的效果如图 5-50 所示。按住【Shift】键点选已焊接的圆环和右侧两个小圆，单击属性栏中的【焊接】按钮 🔲，暂时填充青色，效果如图 5-51 所示。

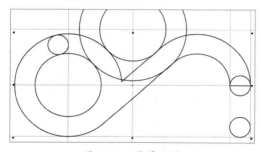

图 5-50　修剪效果

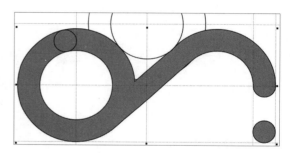

图 5-51　焊接和填充效果

步骤 09　切换到【贝塞尔工具】，贴齐对象绘制如图 5-52 所示的图形。执行【窗口】→【泊坞窗】→【形状】命令调出【形状】泊坞窗，在下拉菜单中选择【相交】，取消勾选【保留原始源对象】复选框，单击 相交对象 按钮，再单击左侧圆环，如图 5-53 所示。

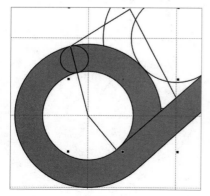

图 5-52　绘制图形

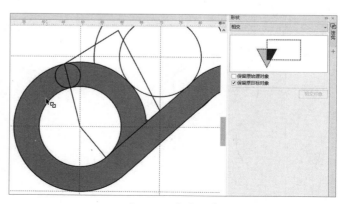

图 5-53　相交对象

步骤 10　将相交所得的图形填充为红色，按住【Shift】键单击左侧小圆，再单击属性栏中的【移除后面对象】按钮，效果如图 5-54 所示。

步骤 11　选择青色图形，按快捷键【G】从左向右拖曳，然后在色轴上双击添加两个色标，将第 1、3 个色标的颜色改为"R：90，G：189，B：247"将第 2、4 个色标改为"R：0，G：115，B：198"如图 5-55 所示。

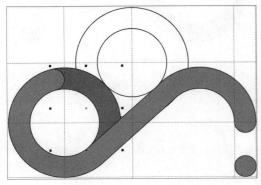

图 5-54　填充对象

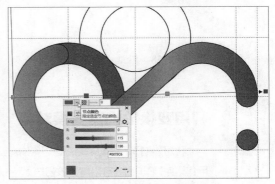

图 5-55　交互式渐变填充

步骤 12　选择下部图形，按住鼠标右键拖曳到上部圆环复制所有属性，按快捷键【G】，分别在色轴中间两个色标上双击删除，再拖曳将其渐变方向改为上下，如图 5-56 所示。

步骤 13　去掉所有图形的轮廓色，如图 5-57 所示，在露白瑕疵处绘制一个圆，按住【Shift】键单击上方圆环，单击属性栏中的【焊接】按钮进行修补。

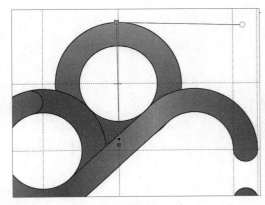

图 5-56　编辑渐变填充

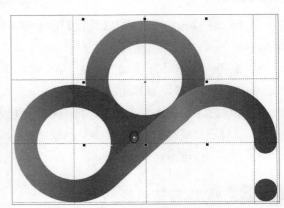

图 5-57　修补露白瑕疵

步骤 14　按快捷键【F10】切换到【形状工具】，单击下方圆环，框选右下方小圆，如图 5-58 所示，单击属性栏中的【提取子路径】按钮使其独立出来。右击上方圆环并拖曳到右下方小圆上，释放鼠标选择【复制所有属性】，单击标准栏中的【显示辅助线】按钮隐藏辅助线，最终效果如图 5-59 所示。

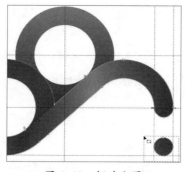

图 5-58　框选小圆

图 5-59　最终效果

5.5　利用变换泊坞窗变换对象

利用【选择工具】及属性栏变换对象虽然方便，但在精确度或应用到再制方面有些不足，而利用【变换】泊坞窗则可以解决该问题。

执行【窗口】→【泊坞窗】→【变换】命令或按快捷键【Alt+F7】可打开【变换】泊坞窗，其中包含【位置】【旋转】【缩放和镜像】【大小】和【倾斜】五种变换。

5.5.1　精确移动对象

打开【变换】泊坞窗，单击【位置】图标 ✛ 即可打开面板，如图 5-60 所示。

- X：设置对象水平移动的距离。
- Y：设置对象垂直移动的距离。
- 相对位置：勾选复选框后，将相对于原位置的中心进行移动。
- 副本：复制对象的数量（不包括原对象）。
- 应用：应用设置。

图 5-60　【位置】面板

5.5.2　精确旋转对象

打开【变换】泊坞窗，单击【旋转】图标 ↻，或者按快捷键【Alt+F8】，即可打开面板，如图 5-61 所示。

- 角度：设置要旋转的角度。
- 中：确定旋转中心。有两种确定方式，一种是直接单击九个定界点之一确定（其他变换也可以这样操作），另一种是输入 X、Y 坐标值确定。
- 相对中心：勾选复选框后，将相对于正中定界点进行旋转。

图 5-61　【旋转】面板

5.5.3 精确缩放和镜像对象

打开【变换】泊坞窗，单击【旋转】图标 ⟲，或者按快捷键【Alt+F9】，即可打开面板，如图 5-62 所示。

- *X*：设置对象在水平方向的缩放比例。
- *Y*：设置对象在垂直方向的缩放比例。
- 按比例：勾选复选框则可以等比缩放。
- 水平镜像按钮 ⇄：使对象沿水平方向翻转镜像。
- 垂直镜像按钮 ⇅：使对象沿垂直方向翻转镜像。

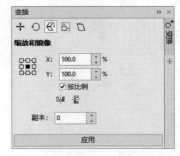

图 5-62 【缩放和镜像】面板

5.5.4 精确设定对象大小

打开【变换】泊坞窗，单击【大小】图标 ⬚，或者按快捷键【Alt+F10】，即可打开面板，如图 5-63 所示。

- *W*：设置对象水平方向的大小。
- *Y*：设置对象垂直方向的大小。
- 按比例：勾选复选框则可保持等比调整。

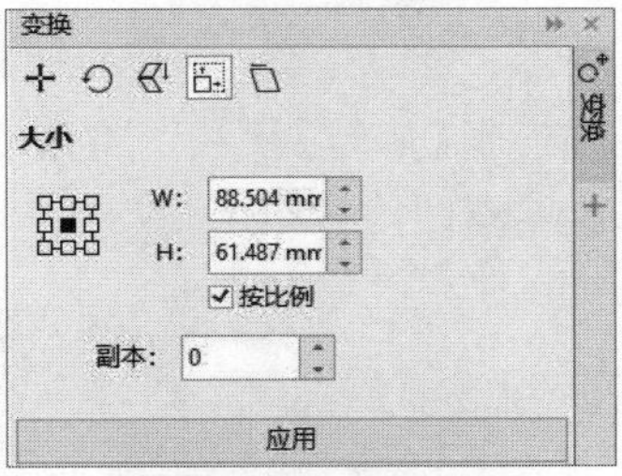

图 5-63 【大小】面板

5.5.5 精确倾斜对象

打开【变换】泊坞窗，单击【倾斜】图标 ⬚ 即可打开面板，如图 5-64 所示。

- *X*：设置水平方向的倾斜角度。
- *Y*：设置垂直方向的倾斜角度。
- 使用锚点：勾选复选框则激活九个定界点。

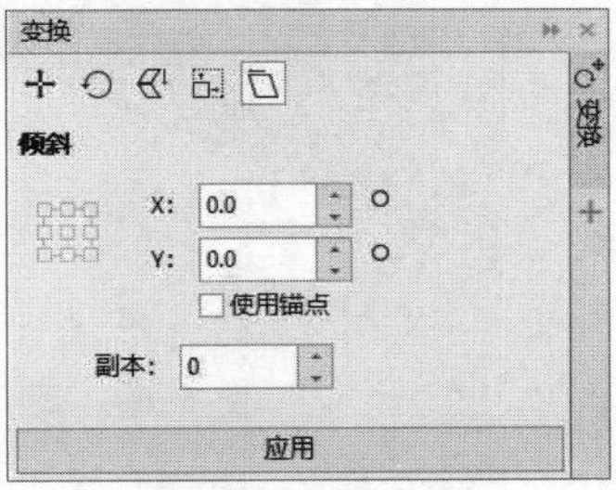

图 5-64 【倾斜】面板

📚 课堂范例——绘制太阳伞

（步骤 01） 按快捷键【F6】切换到【矩形工具】，按住【Ctrl】键绘制正方形。选择工具箱中的【2 点线】工具 ✎，捕捉对角点画一条线。按快捷键【F7】切换到【椭圆形工具】，捕捉正方形左上节点和左下节点，按住快捷键【Ctrl+Shift】绘制圆弧，如图 5-65 所示。

（步骤 02） 用【2 点线】工具 ✎ 捕捉左下节点和交点绘制一条线，如图 5-66 所示。

（步骤 03） 切换到【智能填充工具】 ▧，在三角形区域内单击生成一个新图形，如图 5-67 所示。删除其他图形，切换到【3 点矩形工具】 ⬚，捕捉边绘制一个矩形作为伞边，如图 5-68 所示。

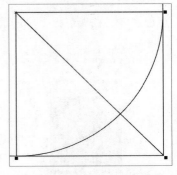

图 5-65 绘制正方形和圆弧

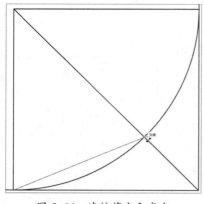
图 5-66　连接节点和交点

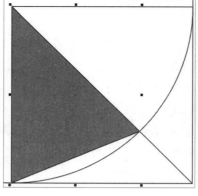
图 5-67　生成新图形

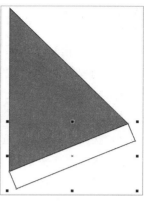
图 5-68　绘制 3 点矩形

步骤 04　在属性栏中单击【同时编辑所有角】按钮▣，对矩形下面两个角进行圆角，如图 5-69 所示。全选对象，按快捷键【Ctrl+G】将其组合，再次单击，将圆心拖曳到顶点，按快捷键【Alt+F8】切换到【旋转】面板，将角度设为 45°，副本设为 1，如图 5-70 所示，然后单击【应用】按钮即可复制一个图形。

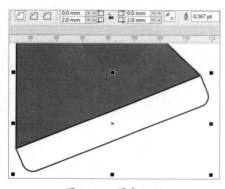
图 5-69　圆角矩形

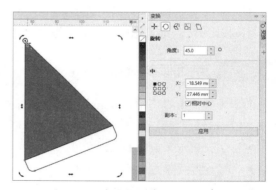
图 5-70　移动圆心并设置旋转参数

步骤 05　选择复制的伞面填充为白色，选择另一个伞面，按快捷键【Shift+F11】调出均匀填充面板，设置颜色为"#125933"，如图 5-71 所示，然后单击【OK】按钮。按住【Ctrl】键单击白色矩形，在文档调色板上单击最后一个颜色，如图 5-72 所示。

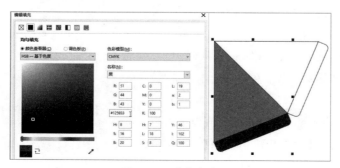
图 5-71　填充颜色

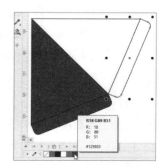
图 5-72　用文档调色板填充颜色

步骤 06　打开"素材文件\第 5 章\珠峰杯 .cdr"，全选对象，按快捷键【Ctrl+C】复制，切换到当前文件，按快捷键【Ctrl+V】粘贴，然后拖曳右上定界点等比缩小图形，再按住【Shift】键选择两个白色图形拖曳到伞面上，如图 5-73 所示，然后将其旋转为与伞边平行。

步骤 07　按快捷键【F8】在伞边上创建文字，调整大小、位置与角度，如图 5-74 所示。

图 5-73　复制素材并调整

图 5-74　创建文字

步骤 08　删除素材的其他对象，框选两个伞面，按快捷键【Ctrl+G】组合，在【旋转】面板中单击【中】的左上锚点，设置【角度】为 90°，【副本】为 3，如图 5-75 所示。单击【应用】按钮，再全选去除轮廓色，最终效果如图 5-76 所示。

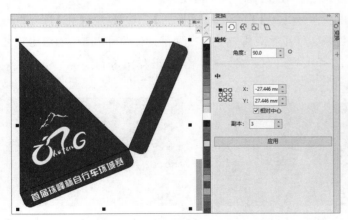

图 5-75　设置旋转参数

图 5-76　最终效果

5.6　对象编辑工具组

对象编辑工具组中的工具可以对对象的面或线段进行裁剪，在 CorelDRAW 2022 中对象编辑工具组中有刻刀、橡皮擦、裁剪和虚拟段删除 4 个工具，下面简单介绍这些工具的使用方法。

5.6.1　刻刀工具

【刻刀工具】就像一把小刀，起到切割的作用，对图形和图像都有效。其属性栏如图5-77所示。

图 5-77　刻刀工具属性栏

- 切割模式：有【2点线】【手绘】和【贝塞尔】三种模式，可选择其中的一种模式，按住鼠标左键拖曳经过对象即可切割。

- 自动闭合：开启时能自动闭合切割起点和终点，形成两个封闭的路径，关闭时则不会闭合，如图5-78所示。

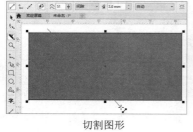 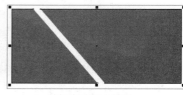

切割图形　　　　　　　　　　自动闭合效果　　　　　　　　　关闭自动闭合效果

图 5-78　自动闭合效果比较

- 手绘平滑度：控制以【手绘】模式切割时曲线的平滑度。

- 剪切跨度：控制切割线的间隙，有【无】【间隙】和【叠加】三种跨度。【无】即0距离；【间隙】为正距离；【叠加】为负距离，即重叠距离。图5-79所示为三种剪切跨度的对比效果。

无跨度　　　　　　　　　　间隙距离为2mm　　　　　　　　　叠加距离为2mm

图 5-79　三种剪切跨度效果比较

- 轮廓选项：控制切割后对原轮廓的处理方式，【转换为对象】可将原轮廓转为对象，和按快捷键【Ctrl+Shift+Q】效果一样；【保留轮廓】可继续保留原轮廓状态；【自动】可自动选择处理方式，一般是保留轮廓。

5.6.2　橡皮擦工具

【橡皮擦工具】可以擦除不需要的部分（位图和矢量对象均可），使用该工具可移除图形中的任何部分，还可以利用该工具制作效果。切换到【橡皮擦工具】（快捷键【X】），其属性栏如图5-80所示。

图 5-80　橡皮擦工具属性栏

- 形状：相当于笔触，有圆形和方形两种，根据自己的需求进行选择。
- 橡皮擦厚度⊖：数值越大，橡皮擦笔尖越大，擦除的范围也就越大。
- 减少节点：减少擦除区域的节点。
- 笔压：使用数位板或数字笔时，笔触的宽度由用户所施加的压力控制。
- 笔倾斜：用于调整笔尖的平滑度。
- 笔方位：用于控制笔尖旋转。

选择要擦除的对象，设置好属性栏参数，如图5-81所示，然后按住鼠标左键在对象上拖曳即可，如图5-82所示。

图 5-81　选中对象并设置参数

图 5-82　擦除对象

5.6.3　虚拟段删除工具

【虚拟段删除工具】可以删除不需要的线段，与智能填充等工具配合，能极大地提高绘图效率。

单击工具箱中的【虚拟段删除工具】按钮，移动鼠标到要删除的线段处，鼠标指针变为形状，单击某线段或拖曳出矩形框与要删除的线段相交，如图5-83所示，即可删除线段，如图5-84所示。

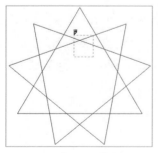

图 5-83　选择要删除的线段

图 5-84　虚拟段删除效果

5.6.4　裁剪工具

用【裁剪工具】可以裁剪掉裁剪框以外的部分。

（1）裁剪位图：切换到【裁剪工具】 🔧，在对象上拖曳出一个裁剪框，拖曳定界点可以调整需要保留的部分，如图 5-85 所示。再次单击可以旋转裁剪框，双击可以确认裁剪，如图 5-86 所示，按【Esc】键可退出裁剪（也可以单击 ✓ 裁剪 ✕ 清除 按钮确认或退出）。

图 5-85 调整裁剪框大小

图 5-86 裁剪效果

（2）裁剪矢量图：用同样的方法裁剪如图 5-87 所示的矢量图，得到如图 5-88 所示的效果，按空格键切换到【选择工具】将裁剪图形移开，发现轮廓被剪断，根据裁剪框和原图生成了新的交叉图形，如图 5-89 所示。

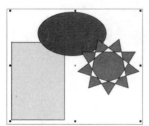

图 5-87 原图形

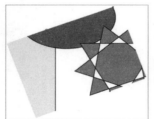

图 5-88 裁剪后的图形

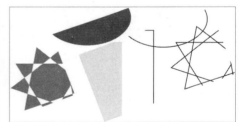

图 5-89 移开裁剪图形

5.7 形状工具组

使用形状工具组中的工具可以对对象的形状进行修改，除了前文已经介绍过的形状工具，还有涂抹、粗糙、平滑、吸引和排斥、弄脏、转动六个工具，下面简单介绍它们的使用方法。

5.7.1 涂抹工具

使用涂抹工具可以在矢量对象的内部及轮廓线上任意涂抹，使对象变形。切换到【涂抹工具】 📎，在属性栏中可以设置笔尖半径、压力、涂抹方式及笔压参数，如图 5-90 所示。

图 5-90 涂抹工具属性栏

- 笔尖半径⊖：设置笔尖的大小。
- 压力♨：数值越大涂抹得越远，如图 5-91 所示。
- 涂抹方式：有【平滑涂抹】❯与【尖突涂抹】➤两种方式，分别能涂抹出平滑的曲线效果和带有尖角的曲线效果，如图 5-92 所示。
- 笔压♨：当使用手写板或数字笔时，可通过压力来控制涂抹效果。

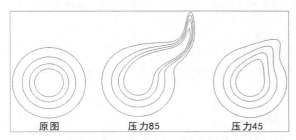

图 5-91 压力大小效果对比

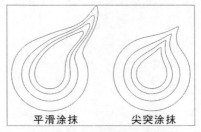

图 5-92 涂抹方式效果对比

5.7.2 粗糙工具

【粗糙工具】可以改变矢量图曲线的平滑度，从而产生粗糙的、锯齿状的或尖突的边缘变形效果。切换到【粗糙工具】，在属性栏中可以设置其参数，如图 5-93 所示。

- 笔尖半径⊖：设定笔尖的大小。
- 尖突频率✦：数值越大，尖角越多、越密集，数值范围为 1～10。
- 干燥♨：调整粗糙区域尖突的数量，数值范围为 -10～10。
- 笔倾斜◠：通过设定的角度改变粗糙效果的形状，图 5-94 所示为不同参数效果对比。

图 5-93 粗糙工具属性栏

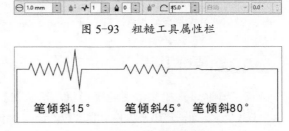

图 5-94 笔倾斜效果对比

需要注意的是，使用【粗糙工具】时，必须先将几何图形转换为曲线且先用【选择工具】选择。

5.7.3 平滑工具

用【平滑工具】可以快速调整形状边角为圆角，也可以平滑曲线。切换到【平滑工具】，在属性栏中可以设置其参数，如图 5-95 所示。按住鼠标左键在尖角处拖曳即可平滑对象。

笔尖半径⊖：设置笔尖的大小，数值越大圆角的半径越大，如图 5-96 所示。

速度◔：设置应用效果的速度。

笔压♨：当使用手写板或数字笔时，可通过压力来控制平滑效果。

笔尖半径20   笔尖半径50

图 5-95　平滑工具属性栏　　　　　　　　图 5-96　笔尖半径效果对比

5.7.4　吸引和排斥工具

该工具通过吸引或推送节点来重塑对象。切换到【吸引和排斥工具】📭，在属性栏中可以设置其参数，如图 5-97 所示。

- 吸引工具📭：切换到吸引工具，在对象上拖曳即可创建吸引效果，如图 5-98 所示。
- 排斥工具📭：切换到排斥工具，在对象上拖曳即可创建排斥效果，如图 5-99 所示。
- 笔尖半径⊖：设置笔尖的大小。
- 速度⏱：设置节点被吸引光标移动的速度。
- 笔压📏：当使用手写板或数字笔时，可通过压力来控制吸引和排斥效果。

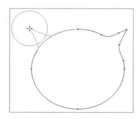

图 5-97　吸引和排斥工具属性栏　　　　图 5-98　吸引工具效果　　　　图 5-99　排斥工具效果

5.7.5　弄脏工具

该工具通过拖曳来改变轮廓形状，切换到【弄脏工具】🖋，在属性栏中可以设置其参数，如图 5-100 所示。

图 5-100　弄脏工具属性栏

- 笔尖半径⊖：设置笔尖的大小。
- 干燥📏：控制弄脏效果的宽度，数值范围为-10~10，图 5-101 所示为不同干燥值的弄脏效果。
- 笔倾斜⌒：控制笔尖的宽度。
- 笔方位✎：控制笔尖的角度。

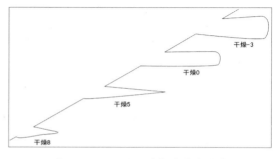

干燥-3

干燥0

干燥5

干燥8

图 5-101　不同干燥值的弄脏效果

CorelDRAW 2022 的汉化有些瑕疵，如该工具在隐藏工具中叫"弄脏工具"，但切换过后则变为了"沾染工具"。第 6 章中有一个特效工具在隐藏工具中叫"混合工具"，但切换过后则变为了"调和工具"。

5.7.6 转动工具

图 5-102 转动工具属性栏

该工具可以给对象添加转动效果。切换到【转动工具】可看到其属性栏，如图 5-102 所示。选择对象，按住鼠标左键即可使对象转动扭曲，如图 5-103 所示。

- 笔尖半径⊖：设置笔尖的大小。
- 速度⏱：设置转动的速度。
- 转动方向◌◌：可选择逆时针方向或顺时针方向转动。
- 笔压：当使用手写板或数字笔时，可通过压力来控制转动效果。

图 5-103 转动工具效果

5.8 透视绘图

老版本的CorelDRAW中一直有【添加透视】功能，该功能很简单，在第 3 章的上机实战中已经用过，这里不再赘述。但该功能只能一个面一个面地绘制，视平线、消失点等都只能通过手动调整辅助线确定，效率并不高。从 CorelDRAW 2021 开始，新增了【采用透视绘制】及【编辑透视组】两个命令，能非常方便地绘制透视场景图或透视对象。可选择一点、两点或三点透视，在共享透视平面上绘制或添加对象，并能在移动或编辑对象时不丢失透视效果。

在未选择任何对象的情况下，执行【对象】→【透视点】→【采用透视绘制】命令即会出现一个曲尺图标和编辑栏，如图 5-104 所示。

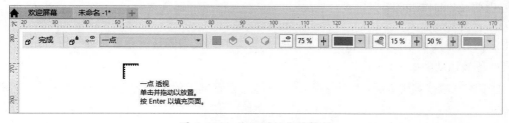

图 5-104 曲尺图标和编辑栏

5.8.1 透视类型

根据消失点（又称"灭点"）的数量，透视可以分为"一点""两点"和"三点"。在 CorelDRAW 2022 中，"三点"透视又细分为"三点（虫眼视图）"和"三点（鸟瞰视图）"，可以理解为仰视图和俯视图。

（1）一点透视：默认透视类型即为一点透视图，按住鼠标左键拖曳出一个矩形，就会出现一点透视图视野，如图 5-105 所示。

（2）两点透视：有两个消失点，切换到"两点透视"按住并拖曳鼠标左键即可绘制两点透视图视野，如图 5-106 所示。

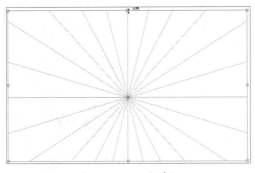

图 5-105　一点透视

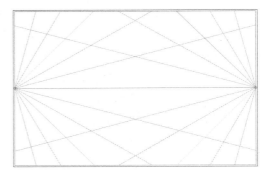

图 5-106　两点透视

（3）三点透视：可选择"虫眼视图"或"鸟瞰视图"，如图 5-107、图 5-108 所示。

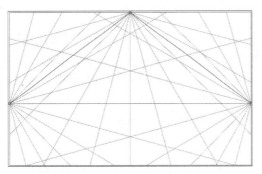

图 5-107　三点透视（虫眼视图）

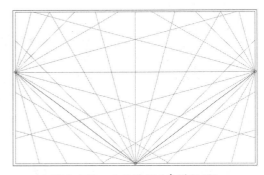

图 5-108　三点透视（鸟瞰视图）

5.8.2　编辑透视组

用户可以通过单击 ✐ 编辑 按钮或【对象】→【透视点】→【编辑透视组】命令对透视组进行编辑，编辑栏中各按钮功能如下。

（1）【锁定透视视野】 ✐：默认关闭，可以拖曳视野框上的 8 个方点改变视野大小，打开时则不能改变。

（2）【显示摄像机线条】 ♨：开启时显示摄像机线条，如图 5-109 所示。

（3）【绘制面】 ▦ ◈ ◇ ◇：选择在哪个面上进行绘制，利用它们可以快速、准确地绘制出透视对象或插画。有"正""上""左""右"四个选项，默认的"正"为无透视，与未采用透视绘制效果一样；其他三个选项则是在透视平面上绘制，用它们能绘制出透视场景。图 5-110 所示的长方体即为用【矩形工具】先在"正"面绘制底面，再在"左"面绘制左侧面，最后在"右"面绘制右侧面。

图 5-109　显示摄像机线条

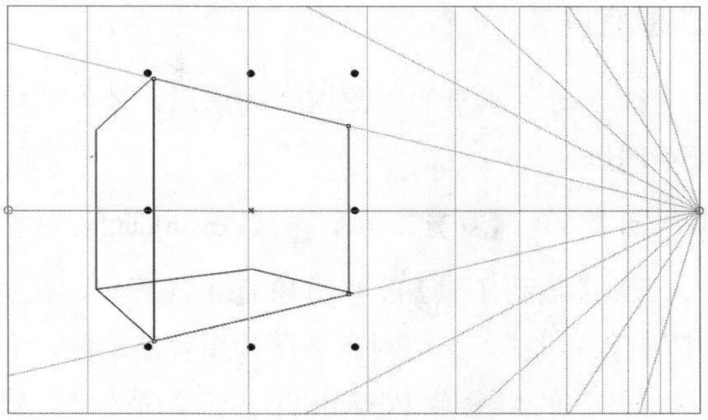

图 5-110　绘制面

（4）【显示地平线】：默认开启，显示地平线，若关闭则不显示，图 5-111 所示是将图 5-107 所示对象地平线关闭的效果。可通过 调整地平线的不透明度和色彩。

（5）【显示透视线】：默认开启，显示透视线，若关闭则不显示，图 5-112 所示是将图 5-111 所示对象透视线关闭的效果。可通过 调整透视线的密度、不透明度和颜色。

（6）【完成】：编辑完透视组后单击 完成 按钮即可。

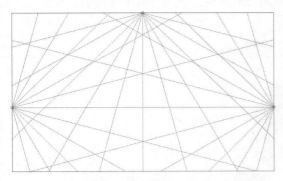

图 5-111　隐藏地平线

图 5-112　隐藏透视线

完成编辑透视组后对对象进行移动时发现只有 4 个方点且有 1 条虚线，如图 5-113 所示，这是因为对象仍与透视组关联，仍能编辑透视组，虚线即其地平线。此时右击并选择"拆分透视组"即可，但拆分后不能再次编辑透视组。

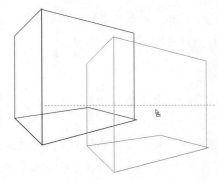

图 5-113　移动透视组

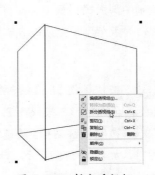

图 5-114　拆分透视组

👤 课堂问答

在学习了本章的对象编辑知识后，还有哪些需要掌握的难点知识呢？下面将为读者讲解本章的疑难问题。

问题1： 【裁剪工具】与【PowerClip 内部】都能裁切对象和位图，它们有什么区别？

答：【裁剪工具】能将对象真正裁剪掉，裁剪掉之后不能还原；而【PowerClip 内部】在老版本中叫"装入容器"，即将对象或图片用容器蒙住，看起来像是剪裁了，但实际上对象或图片仍是完整的，可以随时通过【编辑 PowerClip 内部】命令进行修改。

问题2： 旋转多个对象时错位怎么办？

答：如果同时框选多个对象，在【变换】泊坞窗中对其进行旋转复制时错位，将多个对象组合后再旋转即可。

📷 上机实战——绘制中国人民银行标志

为了让读者巩固本章知识点，下面讲解一个技能综合案例，使读者对本章的知识有更深入的了解。

效果展示

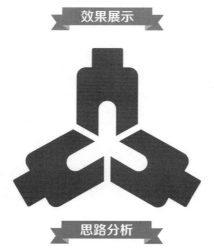

思路分析

本例绘制中国人民银行标志，首先绘制三个矩形并适当圆角，对对象进行修剪、焊接，再拖曳出辅助线旋转对象角度，然后贴齐辅助线修剪对象，最后通过旋转面板再制即可。

制作步骤

步骤01 按快捷键【F6】切换到【矩形工具】□，绘制三个矩形并用【形状工具】圆角，如图 5-115 所示，全选矩形，按快捷键【C】水平居中对齐。

步骤02 按空格键切换到【选择工具】，选择上部的两个矩形，单击属性栏中的【焊接】按钮┗将其焊接，如图 5-116 所示。选择焊接后的两个图形，单击属性栏中的【移除前面的对象】按钮┗将其修剪，如图 5-117 所示。

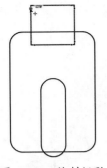

图 5-115 绘制矩形

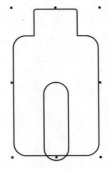

图 5-116 焊接上部

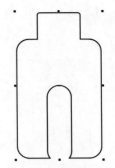

图 5-117 修剪对象

步骤 03 从垂直标尺拖曳出一条辅助线贴齐对象的中心，从水平标尺上拖曳出一条辅助线到对象下部位置，如图 5-118 所示。单击水平辅助线，使其变为旋转变换状态，如图 5-119 所示。在属性栏中输入旋转角度30°，如图 5-120 所示。用同样的方法拖曳出另一条辅助线并输入旋转角度-30°。

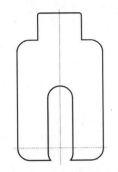

图 5-118 拖曳出辅助线

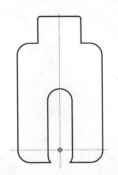

图 5-119 旋转变换状态

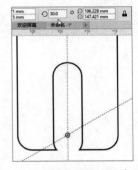

图 5-120 旋转辅助线

步骤 04 单击标准栏中的【贴齐】下拉按钮 [贴齐①▼] 勾选【辅助线】。切换到【刻刀工具】 ，在属性栏中设置【剪切跨度】为"间隙"，距离为2mm，贴齐辅助线按住鼠标左键拖曳经过图形，如图 5-121 所示。按空格键切换到【选择工具】，选择不需要的图形按【Delete】键删除，如图 5-122 所示。用同样的方法处理图形左侧。

步骤 05 再次单击对象，将中心移到辅助线交点处，如图 5-123 所示。

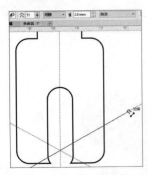

图 5-121 切割对象

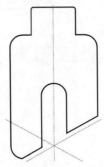

图 5-122 切割效果

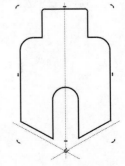

图 5-123 改变对象中心

步骤 06 按快捷键【Alt+F8】切换到【旋转】变换面板，设置【角度】为120°，【副本】为2，单击【应用】按钮再制，效果如图5-124所示。全选对象，按快捷键【Ctrl+L】合并对象，并填充红色，如图5-125所示。

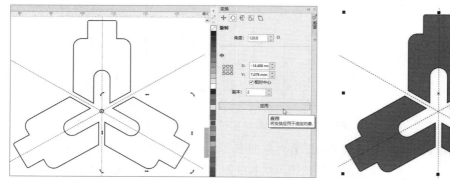

图 5-124　旋转再制

图 5-125　合并对象并填充颜色

步骤 07　右击调色板中的☑去除轮廓色，单击标准栏中的【隐藏辅助线】按钮，标志绘制完成，效果如图5-126所示。

图 5-126　标志绘制完成效果

同步训练——绘制太极图

为了增强读者的动手能力，下面安排一个同步训练案例，让读者达到举一反三、触类旁通的学习效果。

图解流程

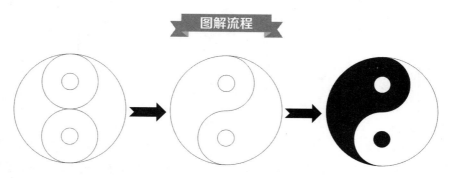

本例绘制一个太极图，先使用椭圆形工具绘制基本图形并使用贴齐功能摆好图形位置，再使用虚拟段删除工具修剪出图形，最后用智能填充工具填充。

关键步骤

步骤 01　按【F7】键切换到【椭圆形工具】○，按住【Ctrl】键绘制一个大圆，如图5-127所示。按小键盘的【+】键原地复制（或按快捷键【Ctrl+C】复制，按快捷键【Ctrl+V】粘贴），在属性栏中单击【缩放因子】后的【锁定比率】按钮 🔒，然后将【缩放比例】改为50%，如图5-128所示。

步骤 02　选择中圆，捕捉其顶部象限点，拖曳到大圆顶部象限点，如图5-129所示。

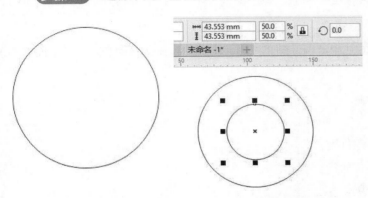

图 5-127　绘制圆　　　图 5-128　修改缩放比例　　　图 5-129　拖曳到大圆顶部象限点

步骤 03　捕捉中圆顶部象限点，拖曳到其底部象限点，如图5-130所示，不释放鼠标左键的同时右击复制。继续按小键盘的【+】键原地复制，将【缩放比例】调整为15%，如图5-131所示。

步骤 04　捕捉小圆圆心拖曳复制到上方中圆的中心并复制一次，如图5-132所示。切换到【虚拟段删除工具】🖫，在需要删除的线段上拖曳，如图5-133所示。

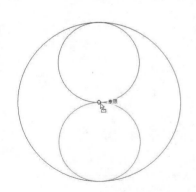
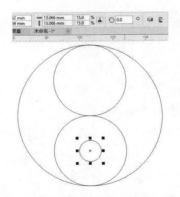
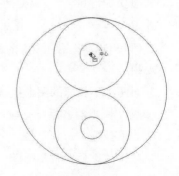

图 5-130　拖曳到中圆　　　图 5-131　复制中圆并调整缩放比例　　　图 5-132　复制小圆
　　　　　底部象限点

步骤 05　切换到【智能填充工具】🖫，在需要填充的地方单击，如图5-134所示，填充效果如图5-135所示。

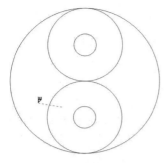

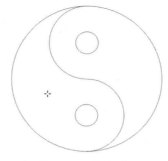

图 5-133　删除线段　　　　　图 5-134　智能填充　　　　　图 5-135　填充效果

知识能力测试

本章讲解了如何在 CorelDRAW 2022 中绘制、编辑图形，为对知识进行巩固和考核，下面布置相应的练习题。

一、填空题

1. 填写快捷键。

对齐页面中心：_____。顶部分散排列：_____。

橡皮擦工具：_____。到页面背面：_____。

到图层前面：_____。向后一层：_____。

贴齐对象：_____。切换到旋转面板：_____。

2. 选择组合内对象需按住_____键单击。

3. 刻刀工具有_____、_____、_____三种切割模式。

4. 在 CorelDRAW 2022 中有_____、_____、_____、_____四种透视。

二、选择题

1. 按快捷键（　　）可使两个或两个以上的对象左对齐。

A. B　　　　　　　B. T　　　　　　　C. C　　　　　　　D. L

2. CorelDRAW 具有强大的造形功能，不包括（　　）命令。

A. 相交　　　　　　B. 焊接　　　　　　C. 对称　　　　　　D. 修剪

3. 对两个不相邻的图形执行焊接命令，结果是（　　）。

A. 两个图形对齐后结合成一个对象　　　B. 两个图形原地结合成一个对象

C. 没有反应　　　　　　　　　　　　　D. 两个图形组合

4. 对齐对象至少需要选择（　　）个对象，分布对象至少需要选择（　　）个对象。

A. 1，2　　　　　　B. 2，3　　　　　　C. 3，4　　　　　　D. 2，4

5. 以下工具中使用前需要先将对象转换为曲线的是（　　）。

A. 平滑　　　　　　B. 转动　　　　　　C. 涂抹　　　　　　D. 粗糙

6. 合并对象或进行修剪等整形操作时，生成的新对象属性将会以（　　　）对象为准。

A. 最下面　　　　　　　B. 最上面　　　　　　　C. 随机　　　　　　　D. 中间层

7. 在用【采用透视绘制】命令绘图时，选择（　　　）面时与未采用透视绘制效果一样。

A. 正　　　　　　　　　B. 上　　　　　　　　　C. 左　　　　　　　　D. 右

三、简答题

1. 组合对象与合并对象有什么区别，其对应的快捷键是什么？

2. 简述 CorelDRAW 中有哪些变换，变换的主要方式有哪些，各变换方式的优缺点是什么。

CorelDRAW 2022

第6章
特效工具的使用

　　使用CorelDRAW不仅可以绘制出漂亮的图形，还可以为图形添加各种特殊的效果。CorelDRAW中有多种特效工具，运用这些工具能够制作出渐变、立体等效果，并且还能为对象添加投影、透明等效果。

学习目标

- 掌握调和、轮廓图、变形、阴影、封套、立体化、透明度、块阴影工具的使用方法
- 熟悉透镜的使用方法
- 了解斜角立体、位图遮罩、Pointillizer矢量马赛克等效果的使用方法

6.1 调和工具

使用调和工具可以在两个矢量图形之间创建形状、颜色、轮廓及尺寸的渐变过渡效果。

例如，绘制一个多边形和一个心形，填充不同的颜色，选择工具箱中的【调和工具】🖉，将鼠标指针移到多边形上，按住鼠标左键，拖曳到心形上，释放鼠标后，将在两个对象之间创建调和，效果如图 6-1 所示。

图 6-1　创建调和

调和工具的属性栏如图 6-2 所示。

图 6-2　调和工具属性栏

- 【预设列表】：可以选择系统预置的调和样式。
- 【对象位置】和【对象尺寸】 ：可以设定对象的坐标值及尺寸大小。
- 【调和对象】 ：可以设定两个对象之间的调和步数及过渡对象之间的间距值。调和步数为 3 时的效果如图 6-3 所示。
- 【调和方向】 ：用来设定过渡中对象旋转的角度。
- 【环绕调和】🖉：可以在将调和中产生旋转的过渡对象拉直的同时，以两个对象的中间位置作为旋转中心进行环绕分布。
- 【直接调和】🖉、【顺时针调和】🖉 和【逆时针调和】🖉：用来设定调和对象之间颜色过渡的方向。逆时针调和时的效果如图 6-4 所示。

图 6-3　调和步数为 3

图 6-4　逆时针调和效果

- 【对象和色彩加速调和】🖉：用来调整调和对象及调和颜色的加速度。单击此按钮，在打开的面板中拖曳滑块，对象的调和将变为如图 6-5 所示的效果。
- 【调整加速大小】🖉：用来设定调和时过渡对象调和尺寸的加速变化。
- 【起始和结束属性】🖾：可以显示或重新设定调和的起始及终止对象。
- 【路径属性】🖾：可以使调和对象沿绘制好的路径分布。单击此按钮，在弹出的菜单中选择

【新建路径】命令，当鼠标指针变为 ↙ 形状时在路径上单击，效果如图 6-6 所示。

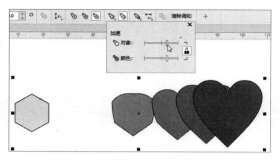

图 6-5　对象和色彩加速调和效果　　　　　　图 6-6　沿路径分布

- 【更多调和选项】🐾：在打开的面板中选中【沿全路径调和】，可以使调和对象自动充满整个路径，如图 6-7 所示；选中【旋转全部对象】，可以使调和对象的方向与路径一致，如图 6-8 所示。

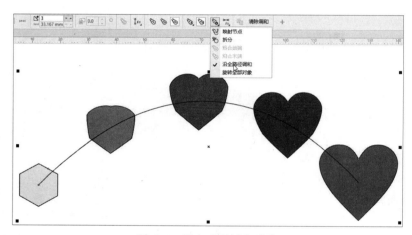

图 6-7　沿全路径调和效果

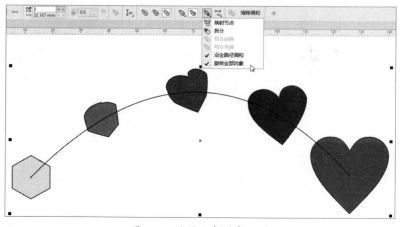

图 6-8　旋转全部对象效果

• 【复制调和属性】按钮🔲：可以复制对象的调和效果。

同时选中两个对象，如图 6-9 所示，选择工具箱中的【调和工具】◐，再单击属性栏中的【复制调和属性】按钮🔲，此时鼠标指针变为▶形状，单击如图 6-10 所示的调和对象，得到如图 6-11 所示的效果。新创建的调和对象的属性与被复制的调和对象的属性完全相同。

图 6-9　选中对象

图 6-10　单击调和对象

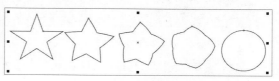

图 6-11　复制的调和对象的属性

• 单击【清除调和】按钮可以取消对象中的调和效果。

📖 课堂范例——制作插画背景

步骤 01　选择工具箱中的【矩形工具】□，绘制一个矩形。为其应用线性渐变填充，分别设置几个点颜色为黄色、粉色、蓝色、绿色、紫色，如图 6-12 所示。

步骤 02　选择工具箱中的【钢笔工具】✎，绘制三个图形，填充图形为浅灰色，去除轮廓色，如图 6-13 所示。

图 6-12　填充渐变色

图 6-13　绘制图形

步骤 03　选择工具箱中的【透明度工具】▨，单击【均匀透明度】按钮▣，设置【合并模式】为颜色加深，得到如图 6-14 所示的透明效果。

步骤 04　选择工具箱中的【钢笔工具】✎，绘制如图 6-15 所示的两条曲线。

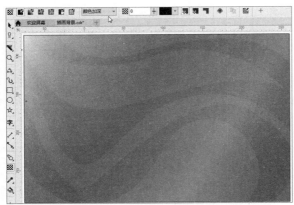
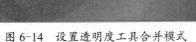

图 6-14　设置透明度工具合并模式

图 6-15　绘制曲线

步骤 05 选择工具箱中的【调和工具】◎，在两条曲线之间创建调和，效果如图 6-16 所示。继续绘制如图 6-17 所示的两条曲线。

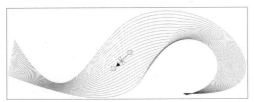

图 6-16　调和曲线效果

图 6-17　绘制曲线

步骤 06 绘制如图 6-18 所示的两条曲线。选择工具箱中的【调和工具】◎，在两组曲线之间创建调和，效果如图 6-19 所示。

图 6-18　绘制曲线

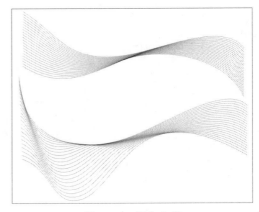

图 6-19　调和曲线

步骤 07 将三组曲线调和对象按如图 6-20 所示的方式摆放，按快捷键【Ctrl+G】组合，选中组合图形，按住鼠标右键，将图形拖曳到矩形背景中，当鼠标指针变为⊕形状时释放鼠标，在弹出的快捷菜单中选择【PowerClip 内部】命令，得到如图 6-21 所示的效果。

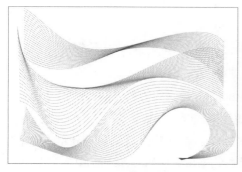

图 6-20　摆放调和对象并组合

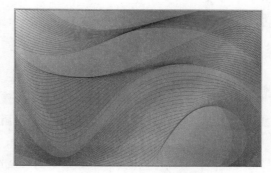

图 6-21　PowerClip 内部

步骤 08　按快捷键【Ctrl+I】，导入"素材文件\第 6 章\美女 .cdr"文件，如图 6-22 所示。按快捷键【Ctrl+U】取消组合，选择人物图形放到背景中，最终效果如图 6-23 所示。

图 6-22　导入素材

图 6-23　放置人物图形

6.2　轮廓图工具

使用【轮廓图工具】⬜可以给对象添加多重轮廓效果。轮廓图效果只能作用于单个对象，它由很多同心图形组成。

例如，绘制一个图形，如图 6-24 所示。选择工具箱中的【轮廓图工具】⬜，将鼠标指针移到图形上，按住鼠标左键向外拖曳，释放鼠标后，即可创建轮廓图效果，如图 6-25 所示。

图 6-24　绘制图形

图 6-25　创建轮廓图效果

【轮廓图工具】对应的属性栏如图 6-26 所示。

图 6-26　轮廓图工具属性栏

- 【到中心】【内部轮廓】【外部轮廓】▦ ▦ ▦：控制添加轮廓线圈的方向。
- 【轮廓图步长】及【轮廓图偏移】：用来设置轮廓线圈的级数和各个轮廓线圈之间的间距。
- 【轮廓色】：包括【线性轮廓填色】、【顺时针轮廓填色】、【逆时针轮廓填色】3 种类型，可以在色轮中用直线、顺时针或逆时针曲线来填充原始对象到最后一个轮廓对象。
- 【轮廓色】：设置最后一个同心图形轮廓线的颜色。
- 【填充色】：设置最后一个同心图形的颜色。
- 【最后一个填充挑选器】：当原始对象使用了渐变效果时，可以通过单击此按钮来改变渐变填充的最后终止颜色。
- 【对象和颜色加速度】：与调和工具中的【对象与颜色加速度】按钮相同，可以用来调节轮廓对象与轮廓颜色的加速度。

📚 课堂范例——制作多轮廓文字

步骤 01　按【F8】键，输入文字，字体为方正剪纸简体，大小为 240pt，颜色为白色，轮廓色为青色，如图 6-27 所示。

步骤 02　选择工具箱中的【轮廓图工具】，按住鼠标左键，从文字上向外拖曳，设置【轮廓图步长】为 2，【轮廓图偏移】为 5mm，【轮廓色】为黑色，【填充色】为青色，文字变为如图 6-28 所示的效果。

图 6-27　创建文字

图 6-28　多轮廓文字效果

6.3 变形工具

变形效果是让对象的外形产生不规则的变化。通过【变形工具】可以快速而方便地改变对象的外观。

选择一个图形对象，切换到【变形工具】，按住鼠标左键拖曳即可变形，通过修改如图6-29所示的属性栏里的参数即可改变变形的形状。

图 6-29　变形工具属性栏

- 【预设列表】：可以选择系统预置的变形样式。
- 【变形形式】：有【推拉变形】⊕、【拉链变形】⚙和【扭曲变形】⚅ 3 种，如图 6-30 所示。
- 【振幅】～：在【推拉变形】和【拉链变形】中有此参数，用来设定变形的振幅。
- 【添加新的变形】：可以应用现有的变形对象。
- 【拉链频率】～：调整锯齿的数量。

原图　　　推拉变形　　　拉链变形　　　扭曲变形

图 6-30　变形的三种形式

- 【拉链变形效果】⚇ ⚇ ⚇：分别是【随机变形】【平滑变形】【拉链变形】。以五边形为例，在原拉链变形基础上分别添加以上 3 种变形效果，如图 6-31 所示。

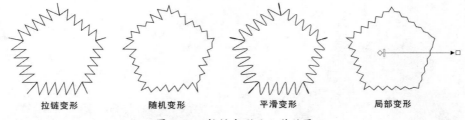

拉链变形　　　随机变形　　　平滑变形　　　局部变形

图 6-31　拉链变形及 3 种效果

- 【居中变形】⊕：将变形中心对齐到对象中心。
- 【变形方向】↺ ↻：可选择扭曲变形方向。
- 【完整旋转】↺：设置扭曲变形旋转的圈数。
- 【附加度数】↻：设置扭曲变形不足一圈旋转的度数。

📖 课堂范例——制作花边文字

步骤 01　按快捷键【Y】切换到【多边形工具】⬡，设置【边数】为 6，绘制六边形，按快捷键【F10】切换到【形状工具】，在如图 6-32 所示的位置双击删除节点。

温馨
提示

（1）扭曲变形效果与对象节点数相关，可以根据需要增删节点。

（2）对于多边形，用形状工具双击一边上的节点，所有边相应的节点都会被删除，同样，在一条边上双击增加节点，则所有边的相应位置都会增加节点。

步骤 02　单击工具箱中的【变形工具】，在属性栏中单击【推拉变形】按钮。按住鼠标左键从六边形的中心向左拖曳，如图 6-33 所示，单击属性栏中的【居中变形】按钮，得到如图 6-34 所示的花朵图形。

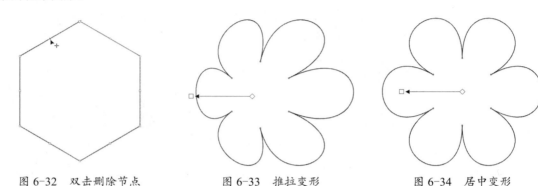

图 6-32　双击删除节点　　　图 6-33　推拉变形　　　图 6-34　居中变形

步骤 03　按【G】键，为花朵图形填充红色到白色的渐变，并改为椭圆形渐变，去除轮廓色，如图 6-35 所示。再将花朵图形等比缩小并复制一个，如图 6-36 所示。

步骤 04　选择工具箱中的【调和工具】，在两个花朵图形之间拖曳创建调和，效果如图 6-37 所示。单击属性栏中的【顺时针调和】按钮，改变调和图形的颜色，如图 6-38 所示。

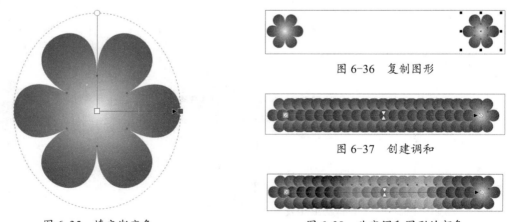

图 6-35　填充渐变色

图 6-36　复制图形

图 6-37　创建调和

图 6-38　改变调和图形的颜色

步骤 05　按【F8】键创建文字，字体为方正琥珀简体，如图 6-39 所示。选中调和图形，单击属性栏中的【路径属性】按钮，在弹出的快捷菜单中选择【新路径】命令，在文字上单击，如图 6-40 所示。

图 6-39 　 创建文字

图 6-40 　 在文字上单击

步骤 06　花朵被调和到文字上，如图 6-41 所示。单击属性栏中的【更多调和选项】按钮 ，
在弹出的快捷菜单中选择【沿全路径调和】命令，效果如图 6-42 所示。

图 6-41 　 花朵被调和到文字上

图 6-42 　 沿全路径调和

步骤 07　设置属性栏中的【调和对象】为 150，效果如图 6-43 所示。执行【对象】→【拆分路
径群组上的混合】命令，将文字与图形拆分。在文字上单击，按【Delete】键删除，最终效果如图 6-44
所示。

图 6-43 　 修改【调和对象】为 150

图 6-44 　 最终效果

6.4 　 阴影工具

　　阴影工具可以使对象产生阴影效果。阴影效果与对象是链接在一起的，对象外观改变的同时，
阴影效果也会随之产生变化。

　　选择阴影工具，从对象中心拖曳能创建平行阴影，从对象边缘拖曳能产生斜向阴影，如图 6-45
所示。

图 6-45　两种不同的阴影效果

通过拖曳阴影控制线中间的滑块，可以调节阴影的不透明度。滑块越靠近白色方块，不透明度越小，阴影越淡；反之，不透明度越大，阴影越浓。也可以通过【阴影工具】的属性栏精确地设置阴影的效果，如图 6-46 所示。

图 6-46　阴影工具属性栏

- 【预设】：可以选择系统预置的阴影样式。
- 【阴影偏移】：设定阴影相对于对象的坐标值（仅限于与原图对象同形的阴影）。
- 【阴影角度】：设定阴影的角度。
- 【阴影不透明度】：设定阴影的不透明度。
- 【阴影羽化】：设定阴影的羽化程度。
- 【羽化方向】：设定阴影的羽化方向为在内、中间、在外或平均。
- 【羽化边缘】：设定阴影羽化边缘的类型为直线型、正方形、反转方形等。
- 【阴影伸展/淡出】：设定阴影的长度及淡出程度。
- 【阴影颜色】按钮：设定阴影的颜色。

温馨提示　这里的阴影是位图，在未拆分时可以改变其各种属性，拆分后则不能改变。

6.5 封套工具

使用【封套工具】可以使文本、矢量图产生丰富的变形效果。封套的边线框上有多个节点，可以移动这些节点和边线来改变对象形状。

例如，创建一个文本对象，选择工具箱中的【封套工具】，调整节点，对象的形状也会随之改变，如图 6-47 所示。

【封套工具】的属性栏如图 6-48 所示。

图 6-47　用封套改变对象形状

图 6-48　封套工具属性栏

- 【预设】![预设按钮]：可以选择系统预置的封套样式。
- 【封套模式】：有【直线模式】◁、【单弧模式】◁、【双弧模式】◁、【非强制模式】✐ 4 种，可以根据需要选择。
- 【映射模式】![自由变形]：提供了水平的、原始的、自由变形、垂直的 4 种映射模式。
- 【保持线条】⊠：开启时可以使对象的线条保持为直线。
- 【添加新封套】☐：可将新建封套效果应用到对象。
- 【创建封套自】☐：将对象作为封套。

📖 课堂范例——制作心形文字

步骤 **01**　选择工具箱中的【常见形状工具】☐，在属性栏【常用形状】中选择心形，在工作区拖曳鼠标，绘制心形，为心形填充红色到深红色的渐变，去除轮廓色，如图 6-49 所示。

步骤 **02**　选中心形，按住【Shift】键，将心形向内拖曳到一定位置后右击，即可缩小并复制心形。按【G】键，设置心形渐变色为深红色、红色、深红色，如图 6-50 所示。

步骤 **03**　选择工具箱中的【多边形工具】☐，设置【边数】为 6，绘制六边形，选择工具箱中的【形状工具】☐，在如图 6-51 所示的位置双击，删除节点。

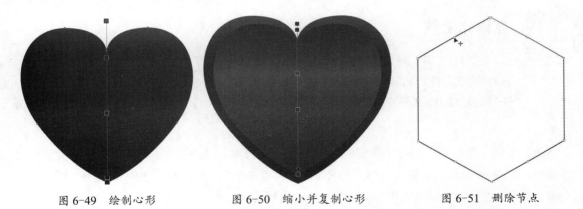

图 6-49　绘制心形　　　　　　图 6-50　缩小并复制心形　　　　　　图 6-51　删除节点

步骤 **04**　单击工具箱中的【变形工具】☐，再单击属性栏中的【推拉变形】按钮⊕。选中六边形，按住鼠标左键从六边形的中心向左拖曳出花朵形，单击属性栏中的【居中变形】按钮⊕，得到如图 6-52 所示的效果。

步骤 **05**　选择工具箱中的【椭圆形工具】○，按住【Ctrl】键绘制圆形，同时选中花朵形与圆形，分别按【C】键与【E】键，将两个图形居中对齐，如图 6-53 所示。

步骤 **06**　按快捷键【Ctrl+L】合并对象并填充白色。复制并缩小多个图形，如图 6-54 所示。

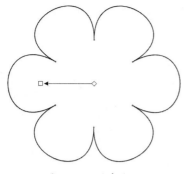

图 6-52　居中变形

图 6-53　将两个图形居中对齐

图 6-54　复制并缩小多个图形

步骤 07　按【F8】键，输入文字，字体为方正琥珀简体，如图 6-55 所示。选中文字，选择工具箱中的【封套工具】🗷，此时文字四周出现一个矩形封套控制框，拖曳封套控制框上的 8 个节点可以改变文字的形状，如图6-56所示。

图 6-55　输入文字

图 6-56　添加封套

6.6 立体化工具

【立体化工具】🗔利用三维空间的立体旋转和光源照射功能，为对象添加有明暗变化的阴影，从而制作出三维立体效果。使用工具箱中的立体化工具，可以轻松地为对象添加具有专业水准的矢量图立体效果或位图立体效果。

例如，绘制一个星形，选择工具箱中的【立体化工具】🗔，从星形中向上拖曳鼠标左键，制作立体效果，如图 6-57 所示。拖曳图形上的✖符号，可以调整立体化方向，如图 6-58 所示。拖曳图形上的✐符号，可以调整图形立体透视效果，如图 6-59 所示。

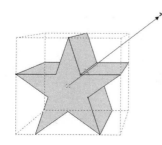

图 6-57　制作立体效果

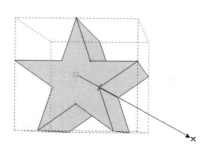

图 6-58　调整立体化方向

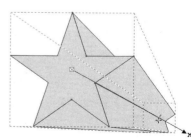

图 6-59　调整图形立体透视效果

在立体化工具的属性栏中可以精确地改变对象立体化效果，其属性栏如图 6-60 所示。

| 预设... | ▾ | ＋ | － | X: 170.363 mm | 28.152 mm | | ▾ | 81 | | | | | 灭点锁定到对象 | ▾ | | 清除立体化 | ＋ |
| Y: 222.556 mm | -22.764 m |

图 6-60　立体化工具属性栏

- 【预设】：可以选择系统预置的立体化样式。
- 【立体化类型】：其下拉列表中提供了 6 种不同的立体化延伸方式。
- 【深度】及【灭点坐标】：设定灭点延伸的深度及灭点位置的坐标值。
- 【灭点属性】：提供了灭点锁定到对象、灭点锁定到页面、共享灭点等方式。
- 【页面或对象灭点】：用相对于对象的中心点或页面的坐标原点来计算或显示灭点的坐标值。
- 【立体化旋转】：在弹出的对话框中通过拖曳图例来旋转对象；也可以在文本框中输入数值来设定旋转角度。
- 【立体化颜色】按钮：用来设定使用对角填充、使用纯色、使用递减的颜色 3 种方式。
- 【立体化倾斜】按钮：通过拖曳对话框中图例的节点来添加斜角效果，也可以在增量框中输入数值来设定斜角。勾选【只显示斜角装饰边】复选框后，将只显示斜面。
- 【立体化照明】按钮：可以在对话框的图例中为对象添加光照效果。

课堂范例——制作立体文字

步骤 01　按【F8】键，输入文字，字体为方正剪纸简体。按【G】键，为文字填充黄色到深黄色的渐变，如图 6-61 所示。

步骤 02　选择工具箱中的【立体化工具】，在文字上按住鼠标左键拖曳到适当位置后释放鼠标，即可创建立体化效果，如图 6-62 所示。

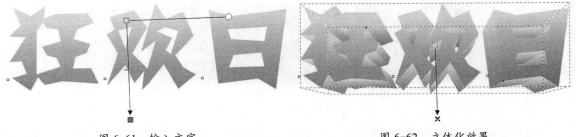

图 6-61　输入文字　　　　　　　　　图 6-62　立体化效果

步骤 03　单击属性栏中的【立体化颜色】按钮，在打开的面板中单击【使用递减的颜色】按钮，颜色为黄色到棕色的渐变，立体化颜色变为如图 6-63 所示的效果。

步骤 04　拖曳矩形条调整立体化图形效果，最终效果如图 6-64 所示。

图 6-63 设置立体化颜色

图 6-64 最终效果

6.7 透明度工具

【透明度工具】▧主要是让制作的图片更真实，能够很好地体现材质，从而使对象有逼真的效果。该工具不仅能应用不同透明度的渐变，而且可以应用【渐变】【图案】及【底纹】等填充方式来设置透明度。通过这些透明度的设置可以很快做出想要的造型及效果。

例如，绘制一个有色的矩形，然后在其上绘制一个多边形。选择工具箱中的【透明度工具】▧，为其应用透明效果，图 6-65 所示为几种不同的透明效果。

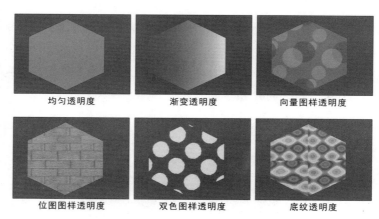

图 6-65 几种不同的透明效果

从以上透明效果中可以看出：透明度与图样的亮度有关，亮度越高越不透明，亮度越低越透明，即图样上白色的地方完全不透明，黑色的地方完全透明，灰色的地方则半透明。

【透明度工具】的属性栏如图 6-66 所示。

图 6-66 透明度工具属性栏

- 【透明度类型】▧▧▧▧▧▧▧：分别是【无透明度】【均匀透明度】【渐变透明度】【向量

图样透明度】【位图图样透明度】【双色图样透明度】【底纹透明度】，可根据需要选择。

- 【合并模式】：选择透明度颜色与下层对象之间的颜色调和方式。
- 【透明度】▒：调整透明的程度，取值范围为 0 ~ 100。
- 【透明度挑选器】：可以在其中选择预置透明度。
- 【应用范围】▒ ▣ ▤：可选择将透明度应用到填充或轮廓，或两者同时应用。
- 【编辑透明度】▩：通过对话框编辑。
- 【冻结透明度】✳：冻结当前的透明度，即使移动，透明对象效果也不会发生变化。

其他属性参数与填充参数相似，这里不再赘述。

▥ 课堂范例——制作渐变透明花形图案

步骤 01　选择工具箱中的【矩形工具】□，绘制一个矩形。选择工具箱中的【3 点曲线工具】⚲，在矩形的左半部分绘制 3 点曲线，如图 6-67 所示。

步骤 02　将鼠标指针放在曲线的左侧控制点上，按住【Ctrl】键并按住鼠标左键，将曲线向右拖曳后右击镜像复制一个，效果如图 6-68 所示。

步骤 03　删除矩形，切换到【智能填充工具】🖌，单击封闭区域，再将区域重新填充为红色，去除轮廓色，如图 6-69 所示。移开红色图形，删除原先的两条曲线。

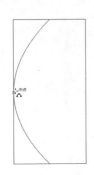
图 6-67　绘制图形

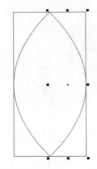
图 6-68　镜像复制曲线

图 6-69　填充颜色

步骤 04　复制一个图形，选择工具箱中的【调和工具】🖋，在两个图形之间创建调和，如图 6-70 所示。单击属性栏中的【顺时针调和】按钮🔄，改变调和图形颜色，如图 6-71 所示。

图 6-70　创建调和

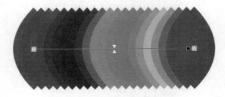
图 6-71　改变调和图形颜色

步骤 05　绘制一个小圆，再次选中调和对象，单击属性栏中的【路径属性】按钮🔽，在弹出的快捷菜单中选择【新路径】命令，在小圆上单击，如图 6-72 所示。

步骤 06 此时图形位于小圆上，如图 6-73 所示。单击属性栏中的【更多调和选项】按钮，在弹出的快捷菜单中选择【沿全路径调和】和【旋转全部对象】命令，效果如图 6-74 所示。

图 6-72 在小圆上单击　　　图 6-73 图形位于小圆上　　　图 6-74 设置更多调和选项

步骤 07 可以看到目前梭形对象以中点绕小圆旋转。可以选择终点对象，再次单击，将按住鼠标左键中心移到梭形下部，如图 6-75 所示，释放鼠标左键，效果如图 6-76 所示。

步骤 08 选择调和对象，单击属性栏中的【起点和结束属性】按钮，选择"显示起点"，如图 6-77 所示，继续将对象中心移到其下部，效果如图 6-78 所示。

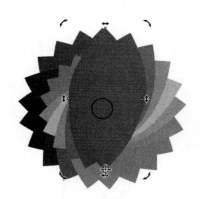

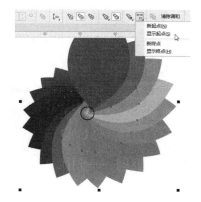

图 6-75 移动中心　　　图 6-76 移动对象中心效果　　　图 6-77 显示起点

步骤 09 选择工具箱中的【透明度工具】，单击属性栏中的【均匀透明度】按钮，按快捷键【Ctrl+K】，拆分小圆与花形，最后删除小圆，效果如图 6-79 所示。

图 6-78 花形　　　图 6-79 最终效果

6.8　块阴影工具

CorelDRAW中传统的阴影都是位图阴影，而增加图形 3D 效果有时会用到矢量阴影，【块阴影工具】 的出现就使这种阴影变得很容易制作。

例如，图 6-80 所示的效果用【块阴影工具】 一步就能完成，极大地提高了工作效率。

单击工具箱中【阴影工具】按钮 右下方的小三角，就可以切换到【块阴影工具】 ，在文字或图形上拖曳即可添加块阴影效果，其属性栏如图 6-81 所示。

图 6-80　【块阴影工具】效果

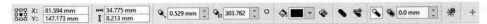

图 6-81　块阴影工具属性栏

- 【块阴影颜色】 ：设置块阴影的颜色。
- 【叠印块阴影】 ：设置块阴影以在底层对象之上印刷。
- 【简化】 ：修剪对象和块阴影之间的叠加区域。
- 【移除孔洞】 ：将块阴影设置为不带孔的实线曲线对象。
- 【从对象轮廓生成】 ：创建块阴影时，包含对象轮廓。
- 【展开块阴影】 ：以指定数值增加块阴影尺寸。

课堂范例——制作长投影海报

步骤 01　新建一个 A4 尺寸的文件，双击工具箱中的【矩形工具】 ，绘制一个与页面等大的矩形并填充浅灰色，按【F8】键输入文字 "LONG" "SHADOW"，字体为 Arial Black 粗体和常规体，大小为 105pt 和 72pt，填充白色，按快捷键【Ctrl+G】组合，如图 6-82 所示。

步骤 02　选择工具箱中的【块阴影工具】 ，在文字上按住鼠标左键拖曳到页面外，如图 6-83 所示。

图 6-82　创建文字

图 6-83　创建块阴影

步骤 03 在属性栏中将【块阴影颜色】设为#C7C7C7，如图 6-84 所示。在块阴影上右击，选择【拆分块阴影】🗗，如图 6-85 所示。

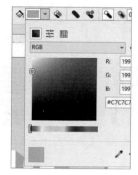

图 6-84 设置块阴影颜色

图 6-85 拆分块阴影

步骤 04 选择拆分后的块阴影，用【透明度工具】▨从左上到右下拖曳做出线性渐变透明效果，如图 6-86 所示。然后将文字和块阴影选中，再按快捷键【Ctrl+G】组合，拖曳鼠标右键到矩形内，当鼠标指针变为⊕形状时释放鼠标，在弹出的快捷菜单中选择【PowerClip 内部】命令，如图 6-87 所示。

图 6-86 设置块阴影透明效果

图 6-87 PowerClip 内部

步骤 05 此时可看到文字和块阴影位置发生了变化，在图形中右击，并选择【编辑 PowerClip】命令，如图 6-88 所示。将文字拖曳到画面中部偏上的位置，右击并选择【完成编辑 PowerClip】命令，如图 6-89 所示。

图 6-88 编辑 PowerClip

图 6-89 移动文字位置

步骤 06　添加其他文字，如图 6-90 所示。

步骤 07　对文字位置、色彩等进行微调，最终效果如图 6-91 所示。

图 6-90　添加其他文字

图 6-91　最终效果

6.9 透镜

通过不同透镜观察对象，可获得一些特殊效果。

6.9.1 透镜的添加与编辑

1. 添加透镜

步骤 01　打开一个文件或导入一张要添加透镜效果的图片，执行【效果】→【透镜】命令，打开【透镜】泊坞窗，如图 6-92 所示。

步骤 02　按【F7】键，按住【Ctrl】键的同时拖曳鼠标左键，绘制一个圆，把圆放在图片上，在【透镜】泊坞窗中选择一种透镜效果（如"变亮"），去掉圆的轮廓，如图 6-93 所示。

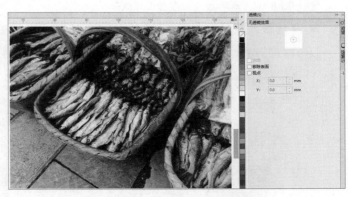

图 6-92　打开【透镜】泊坞窗

图 6-93　应用透镜效果

2. 编辑透镜

12 种透镜都有各自的参数，但基本都有冻结、移除表面、视点 3 个参数。

- 【冻结】：可以将应用透镜效果对象下面的其他对象所产生的效果添加成透镜效果的一部分，不会因为透镜或对象移动而改变该透镜效果，如图 6-94 所示。
- 【视点】：该参数的作用是在不移动透镜的情况下，拖曳"×"标记到新的位置或在【透镜】泊坞窗中输入该标记的坐标值，可观察到以新视点为中心的对象的一部分透镜效果，如图 6-95 所示。

图 6-94　冻结透镜后移动透镜效果

图 6-95　移动透镜视点效果

- 【移除表面】：勾选该复选框，则透镜效果只显示该对象与其他对象重合的区域，而被透镜覆盖的其他区域则不可见，如图 6-96 所示，左侧为未勾选该复选框的效果，右侧为勾选该复选框的效果。

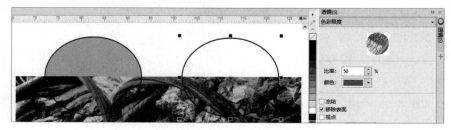

图 6-96　是否勾选移除表面复选框效果对比

● 取消透镜效果：在透镜下拉列表中选择【无透镜效果】即可。

6.9.2 12种透镜效果

CorelDRAW为用户提供了12种功能不同的透镜，每种透镜所产生的效果各异，除【无透镜效果】外，还有以下透镜。

1. 变亮

该透镜可以控制对象在透镜范围内的亮度。比率增量框中值的范围是-100 ~ 100，正值使对象变亮，负值使对象变暗。参数及效果如图6-93所示。

2. 颜色添加

该透镜可以为对象添加指定颜色，就像在对象的上面加上一层有色滤镜一样。比率增量框中值的范围是0 ~ 100，值越大，透镜颜色越深，反之则越浅，如图6-97所示。

3. 色彩限度

使用该透镜时，对象上的颜色都将被转换为指定的透镜颜色显示。在比率增量框中可设置转换为透镜颜色的比例，值的范围是0 ~ 100，如图6-98所示。

图6-97　颜色添加透镜

图6-98　色彩限度透镜

4. 自定义彩色图

用设定的起始颜色对应原图黑色处，终止颜色对应原图白色处，然后将中间的渐变映射到原图相应的色阶。可选择渐变的三种方式，如图6-99所示。

5. 鱼眼

鱼眼透镜可以使透镜下的对象产生扭曲的效果。通过改变比率增量框中的值来设置扭曲的程度，值的范围是-1000 ~ 1000，值为正数时

图6-99　自定义彩色图透镜

向外凸出，值为负数时向内凹陷，如图 6-100 所示。

6. 热图

该透镜用于模拟为对象添加红外线成像的效果。显示的颜色由对象的颜色和调色板旋转增量框中的参数决定，其参数的范围是 0 ~ 100。调色板的旋转顺序为：白、青 、蓝、紫、红、橙、黄，如图 6-101 所示。

图 6-100　鱼眼透镜

图 6-101　热图透镜

7. 反转

该透镜将透镜下对象的颜色转换为互补色，从而产生类似相片底片的特殊效果，如图 6-102 所示。

8. 放大

应用该透镜可以产生放大镜一样的效果。数量值的范围是 0 ~ 100，值为 0 ~ 1 为缩小，值为 1 ~ 100 为放大，如图 6-103 所示。

图 6-102　反转透镜

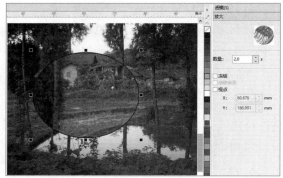
图 6-103　放大透镜

9. 灰度浓淡

灰度浓淡透镜可以将透镜下对象的颜色转换为透镜色的灰度等特效色，参数及效果如图 6-104 所示。

10. 透明度

应用该透镜就像透过有色玻璃看物体一样。在比率增量框中可以调节透镜的透明度，其值的范围为 0 ~ 100。在颜色栏中可以选择透镜颜色，如图 6-105 所示。

图 6-104　灰度浓淡透镜

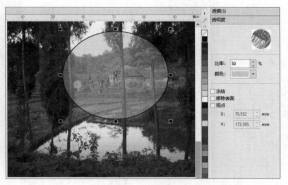

图 6-105　透明度透镜

11. 线框

应用该透镜可以显示对象的轮廓，并为轮廓指定填充色。在轮廓栏中可以设置轮廓的颜色；在填充栏中可以设置是否填充及填充颜色，如图 6-106 所示。

图 6-106　线框透镜

■ 课堂范例——制作放大镜

步骤 01　选择工具箱中的【矩形工具】囗绘制一个矩形，按快捷键【G】切换到【交互式填充工具】◇，按住【Shift】键从矩形左侧拖曳到右侧，双击在色轴上添加三个色标，间隔填充 70% 黑和 30% 黑，如图 6-107 所示。

步骤 02　选择工具箱中的【椭圆形工具】○，贴齐矩形顶部左右两侧绘制一个椭圆形，贴齐象限点与节点复制到底部，如图 6-108 所示。切换到【选择工具】，按住【Shift】键加选矩形，单击属性栏中的【焊接】按钮□将椭圆和矩形焊接，按快捷键【G】切换到【交互式填充工具】◇，从椭圆形左上方拖曳到右下方，分别填充 70% 黑和 30% 黑，得到一个圆柱，如图 6-109 所示。

图 6-107　绘制矩形　　　　　　图 6-108　绘制椭圆形　　　　　　图 6-109　填充椭圆形

步骤 03　用同样的方法在圆柱上端绘制一个小圆柱，添加两个色标，并依次填充 30% 黑、70% 黑、白色、30% 黑，然后选择两个圆柱，按快捷键【C】水平居中对齐，如图 6-110 所示。

步骤 04　选择工具箱中的【椭圆形工具】|○，在图形上方绘制一个圆，将鼠标指针定位在右上方点，按住【Shift】键向内拖曳等比复制两个圆，如图 6-111 所示。选择中间的圆，按小键盘的【+】键原地复制一个，按住【Shift】键加选外侧的圆，按快捷键【Ctrl+L】合并，然后填充渐变，添加一个色标，依次将颜色改为 90% 黑、10% 黑、90% 黑，如图 6-112 所示。

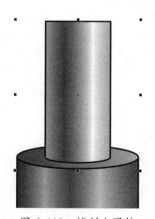

图 6-110　绘制小圆柱　　　　　图 6-111　绘制三个圆　　　　　图 6-112　合并并填充

步骤 05　选择内侧的圆，按小键盘的【+】键原地复制一个，按住【Shift】键加选中间的圆，按快捷键【Ctrl+L】合并，然后填充渐变，将左右色标分别改为白色和黑色，将滑块向白色处拖曳，如图 6-113 所示。

步骤 06　选择内侧的圆，按快捷键【Alt+F3】打开【透镜】泊坞窗，选择【放大】透镜，设置【数量】为 3，如图 6-114 所示。

图 6-113 合并并填充

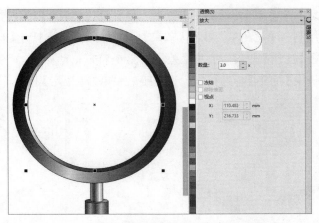

图 6-114 添加放大透镜

步骤 07 全选对象，按快捷键【C】水平居中对齐，再按快捷键【Ctrl+G】组合对象，右击调色板中的☐去除轮廓色，如图 6-115 所示。

步骤 08 按快捷键【Ctrl+I】导入"素材文件\第 6 章\瓢虫 .JPG"，按快捷键【Shift+PgDn】将其放在放大镜图形下面，移动放大镜图形即能模拟放大镜效果，如图 6-116 所示。

图 6-115 对齐并去除轮廓色

图 6-116 放大镜效果

6.10 其他特效

除了以上特效工具，CorelDRAW中还有斜角、位图遮罩、Pointillizer矢量马赛克等制作特效的方法。

6.10.1 斜角效果

【斜角】可以制作视觉上更立体的效果，可快速地为对象制作【柔和边缘】或【浮雕】效果。需要注意的是，要使用【斜角】功能，必须为对象填充颜色。

绘制一个五角星，执行【效果】→【斜角】命令，打开【斜角】泊坞窗，选中【到中心】单选按钮，再单击【应用】按钮，五角星效果如图 6-117 所示。

选中【间距】单选按钮，设置距离并单击【应用】按钮，五角星效果如图 6-118 所示。

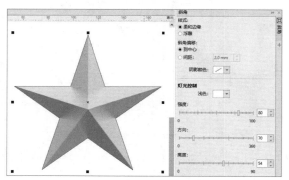

图 6-117　到中心五角星效果

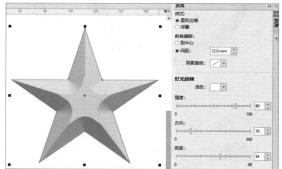

图 6-118　间距五角星效果

6.10.2　位图遮罩

【位图遮罩】可以将选择的颜色隐藏或显示，一般可用来抠图。执行【窗口】→【泊坞窗】→【效果】→【位图遮罩】命令，或选择位图，单击属性栏中的【位图遮罩】按钮□，即可打开泊坞窗。下面以一个实例讲解其使用方法。

步骤 01　按快捷键【Ctrl+I】导入"素材文件\第 6 章\恐龙.JPG"，如图 6-119 所示。打开【位图遮罩】泊坞窗，勾选第一个颜色，单击吸管按钮，在恐龙剪影上单击，如图 6-120 所示，再选择【显示选定项】单选按钮，单击【应用】按钮，即会只显示所选颜色的图像，如图 6-121 所示。

图 6-119　导入图片

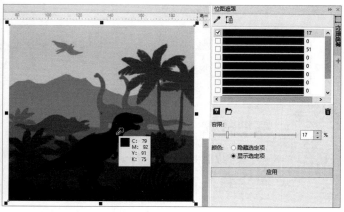

图 6-120　选择颜色

步骤 02　若要隐藏该颜色，只需选择【隐藏选定项】单选按钮，单击【应用】按钮即可，效果如图 6-122 所示。

图 6-121　显示选定项效果

图 6-122　隐藏选定项效果

步骤 03 取消勾选颜色，单击【删除】按钮 🗑 即可还原图片。选择【隐藏选定项】，勾选第一个颜色，单击吸管按钮，在图片天空处单击，勾选第二个颜色，单击吸管按钮，在图片山岭处单击，如图 6-123 所示。单击【应用】按钮，效果如图 6-124 所示。

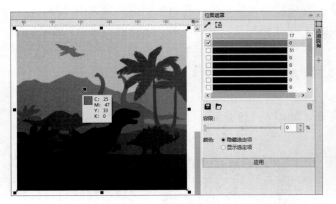

图 6-123　选择多色

图 6-124　隐藏选定项效果

步骤 04 可以看到已经隐藏了天空和山岭，若觉得山岭隐藏得不彻底，可以调整【容限】值重新应用。如将【容限】值调到 25% 再单击【应用】按钮，效果将更好，如图 6-125 所示。

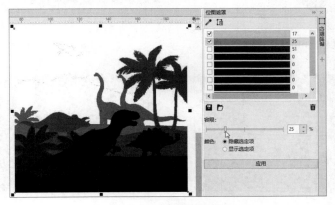

图 6-125　调整容限值

6.10.3 Pointillizer矢量马赛克

Pointillizer矢量马赛克可以将位图或矢量图转换为独特的点画设计效果，如精确的半色调图案或类似于点彩派作品的艺术效果，而且转换后的点都是矢量的。

选择对象，执行【效果】→【Pointillizer】命令或执行【窗口】→【泊坞窗】→【效果】→【Pointillizer】命令打开其泊坞窗，如图6-126所示。

- 【密度】：调整每平方英寸的平铺图案数量。
- 【屏幕角度】：使每行平铺图案绕水平轴旋转指定的角度。正数值会按逆时针方向旋转，如图6-127所示。
- 【缩放】：通过放大或缩小所有平铺图案来调整其大小。如果值大于1，会增加平铺图案的大小；如果值小于1，则会减小平铺图案的大小。
- 【保留原始来源】：启用时会保留原图，并会在其上放置矢量马赛克。禁用时，系统会在创建马赛克后自动删除原图。
- 【限制颜色】：启用时可控制用于渲染马赛克的颜色数。可在数量框中指定最大颜色数。
- 【方法】：可选择尺寸调制1（不透明度）、尺寸调制2（亮度）、均匀（白色无光泽）等渲染样式，如图6-128所示。
- 【合并相邻】：设置相似颜色相邻拼接的最大数量。
- 【焊接相邻叠加】：焊接重叠拼贴。
- 【形状】：可选择圆形、方形或自定义形，如图6-129所示。

图6-126 【Pointillizer】泊坞窗

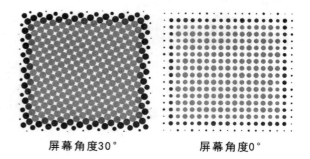

屏幕角度30°　　　　屏幕角度0°

图6-127 屏幕角度效果对比

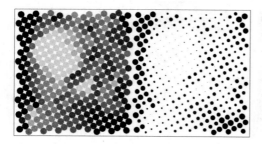

图6-128 尺寸调制1与尺寸调制2效果对比

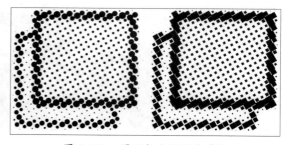

图6-129 圆形与方形效果对比

课堂问答

在学习了本章的特效工具后，还有哪些需要掌握的知识呢？下面将为读者讲解本章的疑难问题。

问题 1：组合对象和位图可以进行调和吗？

答：组合对象可以进行调和，位图不能进行调和。

问题 2：如何复制对象的特效？

答：使用特效工具组中的工具制作的特效都可以复制，以复制阴影特效为例讲解。

步骤 01　选中需要加阴影的文字，选择工具箱中的【阴影工具】□，单击属性栏中的【复制阴影效果属性】按钮□，如图 6-130 所示。

步骤 02　在已应用阴影的对象阴影处单击，如图 6-131 所示，即可复制阴影特效，如图 6-132 所示。用同样的方法可以复制其他特效。

图 6-130　选中文字

图 6-131　在对象阴影上单击

温馨提示　复制特效需单击特效处，否则无法复制。要选择特效也可以直接单击特效处，单击对象本身不会显示特效的属性。

问题 3：如何将应用了特效的对象变为普通对象？

答：仍以阴影特效为例。若不想要阴影特效了，单击阴影处选择对象特效，单击属性栏中的【清除阴影】按钮 清除阴影 即可清除特效，如图 6-133 所示。用同样的方法可以清除其他特效。

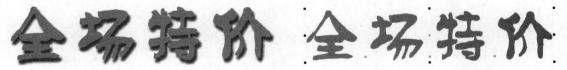

图 6-132　复制阴影特效　　　　　　　　　图 6-133　清除阴影特效

上机实战——绘制镂空球体

为了让读者巩固本章知识点，下面讲解一个技能综合案例，使读者对本章的知识技能有更深入的了解。

效果展示

思路分析

本例制作一个镂空球体效果，先绘制一个正方形，然后绘制圆并调和，拆分后再调和，取消组合并合并对象，利用鱼眼透镜冻结生成新对象，旋转复制改变填充颜色，最后添加投影效果。

制作步骤

步骤 01　按【F6】键切换到【矩形工具】□，按住【Ctrl】键绘制一个正方形。按【F7】键切换到【椭圆形工具】○，按住【Ctrl】键在正方形左上角绘制一个圆形。再按住【Ctrl】键拖曳复制圆形到正方形右上角，如图 6-134 所示。

步骤 02　切换到【调和工具】◐，将两个圆形调和并设置步长为 4，如图 6-135 所示。按快捷键【Ctrl+K】拆分调和对象，按快捷键【Ctrl+U】取消组合，按快捷键【Ctrl+L】合并对象，再按住【Ctrl】键将圆形复制到正方形底部，如图 6-136 所示。

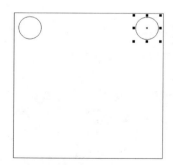

图 6-134　绘制图形

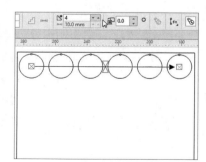

图 6-135　调和圆形

图 6-136　复制圆形

步骤 03　切换到【调和工具】◐，将两行圆形调和并设置步长为 4，如图 6-137 所示。按快捷键【Ctrl+K】拆分调和对象，按快捷键【Ctrl+U】取消组合，全选对象，按快捷键【Ctrl+L】合并对象，再填充颜色并去除轮廓色，如图 6-138 所示。

步骤 04　按【F7】键，按住【Ctrl】键绘制一个圆形。按快捷键【Alt+F3】调出【透镜】泊坞窗，选择【鱼眼】透镜，如图 6-139 所示。

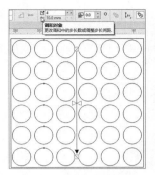

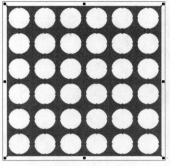

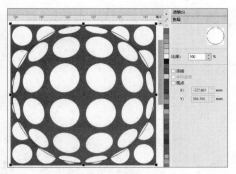

图 6-137 调和两行圆形　　　　图 6-138 填充颜色　　　　　图 6-139 鱼眼透镜

步骤 05 勾选【冻结】复选框，将其移到空白处，按快捷键【Ctrl+U】取消组合，删除白底圆，得到如图 6-140 所示的效果。

步骤 06 选中对象，按【+】键原地复制，再次单击对象，按住【Ctrl】键旋转 45°，填充另一颜色，再按快捷键【Ctrl+G】组合对象，得到如图 6-141 所示的效果。

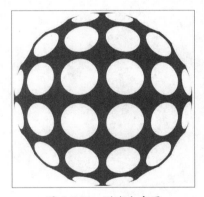

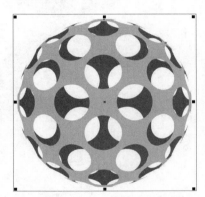

图 6-140 删除白底圆　　　　　　　图 6-141 复制并旋转

步骤 07 单击【阴影工具】，在属性栏【预设】下拉列表中选择【透视右上】，如图 6-142 所示。取消选择，最终效果如图 6-143 所示。

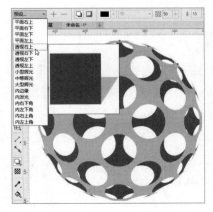

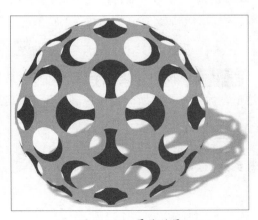

图 6-142 透视右上　　　　　　　　图 6-143 最终效果

🌐 同步训练——绘制啤酒瓶盖

为了增强读者的动手能力，下面安排一个同步训练案例，让读者达到举一反三、触类旁通的学习效果。

图解流程

思路分析

本例绘制一个啤酒瓶盖，先绘制多边形，然后使用推拉变形工具制作锯齿，再通过调和绘制过渡效果，最后添加文字并加上适当的特效。

关键步骤

步骤01 按【Y】键切换到【多边形工具】⬠，在属性栏中设置边数为21，按住【Ctrl】键绘制多边形，如图6-144所示。切换到【形状工具】🖊️，在多边形一条边上双击删除节点，如图6-145所示。

步骤02 切换到【变形工具】🔷，选择【推拉变形】➕，向右拖曳，单击【居中变形】按钮⊕，设置【推拉振幅】为7，如图6-146所示。

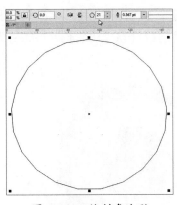

图 6-144 绘制多边形

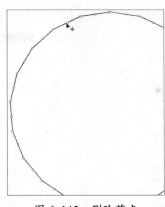

图 6-145 删除节点

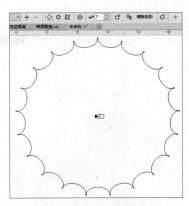

图 6-146 推拉变形

步骤 03 执行【窗口】→【泊坞窗】→【角】命令，设置圆角半径为 2mm，如图 6-147 所示。然后填充为绿色。

步骤 04 绘制一个圆形，选择全部对象，按快捷键【C】【E】将它们对齐，如图 6-148 所示。

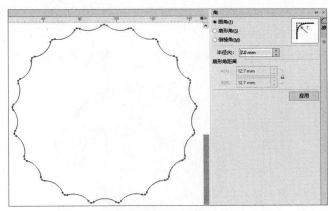

图 6-147 圆角

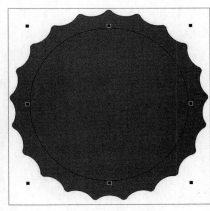

图 6-148 对齐

步骤 05 按快捷键【G】，在属性栏中选择【渐变填充】 ，选择【圆锥形渐变填充】，在色轴上双击添加 5 个色标，如图 6-149 所示。拖曳调色板里的绿色与浅黄色到色标，如图 6-150 所示。

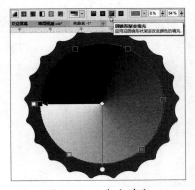

图 6-149 渐变填充

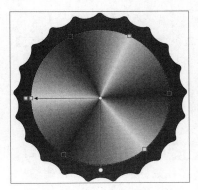

图 6-150 更改颜色

步骤 06 选择两个对象，去除轮廓色，执行【效果】→【混合】命令调出泊坞窗，单击【应用】按钮，如图 6-151 所示。绘制三个同心圆，选择全部对象，按快捷键【C】【E】将它们对齐，分别填充为浅黄色、白色、绿色并去除轮廓色，如图 6-152 所示。

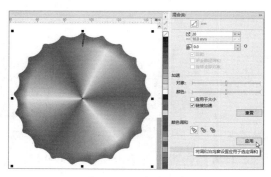

图 6-151 应用混合

图 6-152 绘制同心圆

步骤 07 切换到【椭圆形工具】〇，按快捷键【Alt+Z】打开贴齐对象选项，捕捉中心，按住快捷键【Shift+Ctrl】绘制一个同心圆，在属性栏中设置轮廓宽度，然后在调色板中右击"褐色"设置轮廓色，如图 6-153 所示。再微调一下这些同心圆的大小。

步骤 08 切换到【3 点矩形工具】绘制一个倾斜矩形并填充深黄色，如图 6-154 所示。

图 6-153 绘制中心圆

图 6-154 绘制 3 点矩形

步骤 09 执行【窗口】→【泊坞窗】→【形状】命令调出泊坞窗，选择【相交】，勾选【保留原目标对象】复选框，单击浅黄色的圆，如图 6-155 所示。将相交图形颜色重新改回深黄色，按快捷键【F8】输入文字"Beer"，并做垂直放大与倾斜处理，如图 6-156 所示。

步骤 10 选择文字，切换到【块阴影工具】，按住鼠标左键拖曳，在属性栏中将颜色设为深褐色，然后添加其他文字，绘制五角

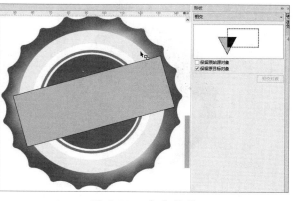

图 6-155 相交整形

星并复制，如图 6-157 所示。

步骤 11　将上下的小字填充为白色并倾斜，将左右的五角星适当旋转，本例制作完成，效果如图 6-158 所示。

图 6-156　输入文字　　　　　图 6-157　添加其他文字　　　　　图 6-158　最终效果

知识能力测试

本章讲解了如何在 CorelDRAW 中使用特效工具绘制、操作图形，为对知识进行巩固和考核，布置相应的练习题。

一、填空题

1. 将两个非位图对象进行一系列过渡最好使用＿＿＿＿＿＿工具。

2. 在 CorelDRAW 中，变形包括三种基本形式，分别是＿＿＿、＿＿＿、＿＿＿。

3. 立体化工具可使用＿＿＿、＿＿＿、＿＿＿三种方式为所产生的立体面着色。

4. 在使用透明度工具时，图案或颜色为黑色的地方会＿＿＿＿＿。

二、选择题

1. 编辑封套的节点可以用（　　　）工具。

A. 形状　　　　　　　　　B. 自由笔　　　　　　　　　C. 贝塞尔　　　　　　　　　D. 艺术笔

2. 为图形添加阴影后，拖曳阴影轴线上的滑块，可调整阴影的（　　　）。

A. 不透明度　　　　　　　B. 羽化程度　　　　　　　C. 角度　　　　　　　　　D. 羽化方向

3. 通过调和工具生成的图形首次拆分后将会成为（　　　）个对象。

A. 2　　　　　　　　　　B. 3　　　　　　　　　　C. 4　　　　　　　　　　D. 多

4. 制作负片效果可用（　　　）透镜。

A. 位图效果　　　　　　　B. 灰度浓淡　　　　　　　C. 自定义彩色图　　　　　　D. 反转

5. 在 CorelDRAW 2022 中有（　　　）个透镜。

A. 10　　　　　　　　　　B. 11　　　　　　　　　　C. 12　　　　　　　　　　D. 15

6. 在 CorelDRAW 2022 中，以下操作中不能打开透镜泊坞窗的是（　　　）。

A. 按快捷键【Alt+F3】

B. 单击【效果】菜单，选择【透镜】命令

C. 单击【窗口】→【泊坞窗】→【效果】→【透镜】

D. 单击【窗口】→【泊坞窗】→【透镜】

7. "放大" 透镜的取值范围是（　　　）。

A. 0 ~ 100　　　　B. -1000 ~ 1000　　　　C. -100 ~ 100　　　　D. 0 ~ 10

8. 默认的 Pointillizer 矢量马赛克中没有（　　）形状。

A. 菱形　　　　B. 正方形　　　　C. 自定义形　　　　D. 圆形

三、简答题

1. 阴影工具和块阴影工具有什么区别？

2. 简述在 CorelDRAW 2022 中遮罩位图命令的作用和用法。

CorelDRAW 2022

第7章
文本与表格的编排

CorelDRAW 2022 拥有专业文本处理软件和专业彩色排版软件的强大功能，除了能对文本做一些基础的编排处理，还可以进行复杂的特效文本处理，制作出美观、新颖的文本效果。

学习目标

- 掌握美术文本的创建与编辑方法
- 掌握段落文本的创建与编辑方法
- 熟悉表格的使用方法
- 了解度量工具和连接器工具的使用方法

7.1 美术文本的创建及编辑

"美术文本"又名"字符文本"，即不带段落样式的文本，比较适合作为标题、注释等。

7.1.1 美术文本的创建及属性栏

要在页面中创建美术文本，只需选择工具箱中的【文本工具】字（快捷键【F8】）在页面上单击，然后输入相应的文本即可。其属性栏如图 7-1 所示。

图 7-1 文本工具属性栏

- 【字体列表】 Arial ▾：选择需要的字体，如图 7-2 所示。
- 【字体大小】 12 pt ▾：选择需要的字号，如图 7-3 所示。

图 7-2 设置文本字体

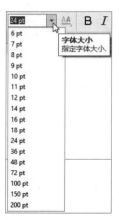

图 7-3 设置文本字号

- 【加粗】【斜体】【下划线】B I U：可以为文本设定粗体、斜体或添加下划线。
- 【对齐方式】：选择文本的对齐方式，如图 7-4 所示。
- 【文本方向】：设置文本的排列方式为水平或垂直（快捷键分别为【Ctrl+，】与【Ctrl+。】）。
- 【编辑文本】abI：编辑文本内容及少量属性，如图 7-5 所示。
- 【项目符号】：为段落文本添加项目符号。
- 【编号】：为段落文本添加编号。
- 【首字下沉】：为段落文本添加首字下沉效果。
- 【缩进量】：增减缩进量。
- 【文本】：单击会打开【文本】泊坞窗，可设置字符文本、段落文本、图文框的各种属性，如图 7-6 所示。

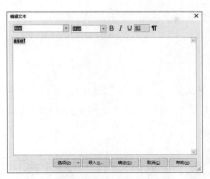

图 7-4 设置对齐方式   图 7-5 【编辑文本】对话框   图 7-6 【文本】泊坞窗

7.1.2 插入特殊字符

在编辑文本时，经常会输入各种特殊字符，使用【字形】泊坞窗可以很轻松地插入各种字符。以插入货币符号为例，操作步骤如下。

步骤 01   输入文本后，执行【文本】→【字形】命令（快捷键【Ctrl+F11】），打开【字形】泊坞窗，打开列表进行筛选，如图 7-7 所示。

步骤 02   单击要插入字符的位置，即会出现闪烁的光标，在符号库中双击需要的字符，即可将字符插入文本中指定的位置，如图 7-8 所示。

图 7-7 【字形】泊坞窗   图 7-8   插入字符

7.1.3 更改大小写

CorelDRAW 具有更改英文字母大小写的功能，根据需要可选择句首字母大写、全部小写或全部大写等形式。选中文本，执行【文本】→【更改大小写】命令，弹出【更改大小写】对话框，如图 7-9 所示。

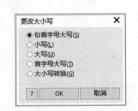

图 7-9 【更改大小写】对话框

- 【句首字母大写】：将当前句子的第一个单词的首字母大写。
- 【小写】：将所有字母转换为小写。
- 【大写】：将所有字母转换为大写。

- 【首字母大写】：将每个单词的第一个字母大写。
- 【大小写转换】：将大写转换为小写，将小写转换为大写。

课堂范例——制作图文结合标志

步骤 01　按【F8】键，输入文本，字体为"StencilStd"，如图 7-10 所示。按快捷键【Ctrl+Q】，将文本转曲，选择工具箱中的【形状工具】，选中文本部分节点，按【Delete】键将其删除，如图 7-11 所示。

图 7-10　输入文本

图 7-11　删除节点

步骤 02　按快捷键【Ctrl+F11】打开【字形】泊坞窗，在字体列表中选择"Webdings"，如图 7-12 所示。在特殊字符中选择墨镜图案，按住鼠标左键拖曳到文本中间，如图 7-13 所示。

图 7-12　选择字体

图 7-13　拖曳特殊字符

步骤 03　将墨镜图案等比放大，与文本底部对齐，如图 7-14 所示。全选文本和图案，按快捷键【Ctrl+L】合并，切换到【块阴影工具】，为其添加阴影，设置阴影颜色为 20% 黑，如图 7-15 所示。

图 7-14　底部对齐

图 7-15　添加块阴影效果

步骤 04　按【F8】键，输入广告词"Star style really fan"，将字体改为"Swis721 Lt Bt"，将"Star style"改为粗体，"really fan"改为细体，如图 7-16 所示。执行【文本】→【更改大小写】命令，将文本改为大写。切换到【形状工具】，选择广告词文本，拖曳右边的拉杆将字间距适当调大，最终效果如图 7-17 所示。

图 7-16 输入文本

图 7-17 最终效果

7.2 段落文本

段落文本在美术文本的基础上增加了缩进、项目符号和编号、文本换行等功能,本节将介绍段落文本的创建、分栏、文本链接、首字下沉等。

7.2.1 创建文本框

段落文本最直观的特征是有文本框,其创建方法有以下几种。

(1)直接用【文本工具】**字** 按住鼠标左键拖曳出一个矩形文本框,此时光标将出现在文本框的左上角,在光标后输入文本即可。

(2)将鼠标指针定位在封闭的图形内,当鼠标指针变为 形状时单击,封闭图形即变为文本框。

(3)选择美术文本,按快捷键【Ctrl+F8】可以转换为段落文本,反之亦可。

温馨提示

以下情况段落文本不能转换为美术文本。

(1)文本未显示完,即文本框底部有 ▣ 符号。

(2)文本框添加了封套、变形等效果。

(3)通过在封闭图形内输入文本创建的段落文本。

(4)未退出文本编辑状态。

7.2.2 分栏与缩进

选中文本,执行【文本】→【栏】命令,打开【栏设置】对话框,设定【栏数】和【宽度】的值,如图 7-18 所示,单击【OK】按钮即可将分栏效果应用于段落文本。

若需要缩进,可选择文本,按快捷键【Ctrl+T】或执行【文本】→【文本】命令调出泊坞窗,在【段落】面板中根据需要设置,如图 7-19 所示。

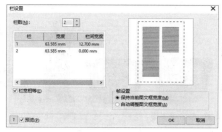

图 7-18 【栏设置】对话框

图 7-19 设置缩进

7.2.3 设置段落项目符号和编号

选中文本,执行【文本】→【项目符号和编号】命令,打开【项目符号和编号】对话框,勾选【列表】复选框,在对话框中可以设置项目符号的样式、大小,如图 7-20 所示。

选择【数字】单选按钮,可以设置编号的字体、样式等参数,如图 7-21 所示。

> 温馨提示
>
> 编号里的数字或字母不属于文本,用查找命令查找不到。

图 7-20 设置项目符号

图 7-21 设置编号

7.2.4 首字下沉

CorelDRAW 能非常方便地制作首字下沉效果,只需选择段落文本,单击属性栏中的【首字下沉】按钮就能做出首字下沉的默认效果,如图 7-22 所示。若是对下沉行数或样式等不满意,可以执行【文本】→【首字下沉】命令,在对话框中设置相关参数,如图 7-23 所示。

图 7-22 首字下沉默认效果

图 7-23 【首字下沉】对话框

7.2.5　文本适合路径和适合框架

CorelDRAW 能非常方便地制作文本适合路径或适合框架的效果。

1. 文本适合路径

方法 1：首先备齐两个要素，即文本与路径，然后选择文本，执行【文本】→【使文本适合路径】命令，如图 7-24 所示，最后预览放置即可。

方法 2：直接切换到【文本工具】字，将鼠标指针移到路径上，当鼠标指针变成ᑲ形状时单击，输入文本即可，如图 7-25 所示。通过【选择工具】拖曳可以改变文本位置，如图 7-26 所示。

图 7-24　通过菜单执行命令　　图 7-25　直接在路径上输入文本　　图 7-26　拖曳文本改变在路径上的位置

2. 文本适合框架

当文本框太大出现空白，或者文本框太小导致文本未显示完整时，一般会调整文本框大小或改变文本的大小、间距等属性，但也可以直接让文本适合框架。如图 7-27 所示，文本框太小，执行【文本】→【段落文本框】→【使文本适合框架】命令，即可自动调整文本大小以适合框架，如图 7-28所示。

图 7-27　文本框架太小　　　　　　　　图 7-28　文本适合框架效果

温馨
提示
　段落文本或美术文本都能适合路径，但只有段落文本能适合框架。

7.2.6　段落文本的链接

如果文本框中的文本比较长，在一个段落文本框中不能完全显示出来，就要用到段落文本框的链接操作。

选中段落文本，如果文本框中的文本超出了文本框的范围，文本框的下面会有一个 ▼ 图标，单击此图标后，鼠标指针会变成▣形状，如图 7-29 所示，按住鼠标左键拖曳出另外一个矩形文本框即可链接并显示蓝色链接线，如图 7-30 所示。也可将鼠标指针移到要链接的已有文本框上，此时鼠标指针变为箭头形状 ➤，单击新的文本框，即可链接。

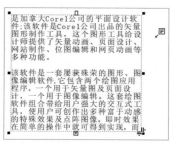

图 7-29　单击 ▼ 图标　　　　　　　图 7-30　链接段落文本

> **技能拓展**
>
> 段落文本除了和文本框链接，还可以和矩形、圆等各种图形对象链接。选中文本框或对象后，执行【对象】→【拆分】命令可取消链接。

7.3 表格

使用 CorelDRAW 中的【表格工具】可以方便地进行表格处理。

7.3.1　创建表格

切换到【表格工具】▦，在工作区中拖曳即可绘制表格，如图 7-31 所示。也可以执行【表格】→【创建新表格】命令进行创建，如图 7-32 所示。还可以将文本转换为表格。【表格工具】属性栏中各参数含义如下。

- 【行数和列数】▦：设置表格的行数和列数。
- 【填充色】▱▾：设置填充色。
- 【编辑填充色】▨：可以设置渐变、图样、底色等任何填充。
- 【轮廓色及宽度】■▾ 0.567 pt ▾：设置表格的轮廓色与宽度。
- 【边框选择】▦：选择边框位置。
- 【选项】：有两个复选框，分别是【在键入时自动调整单元格大小】和【单独的单元格边框】。勾选前者，当文本超出单元格宽度时会自动换行；勾选后者，会出现双线单元格，如图 7-33 所示。

图 7-31　绘制表格　　　　　图 7-32　通过菜单命令创建表格　　　　图 7-33　单独的单元格边框

> **技能拓展**
>
> 在【单独的单元格边框】模式下，只有表格外围的四边是边框，若要改变里面的线的颜色和宽度，则需要选择相应的单元格。

7.3.2　编辑表格

1. 编辑单元格文本

用【表格工具】⊞在单元格里单击就能输入文本，也可以粘贴文本。按【Tab】键可以跳转到当前单元格右侧的单元格，若当前单元格是最右侧的单元格，则会跳转到下一行左侧第一个单元格；按快捷键【Shift+Tab】则会向左跳转。在文本编辑状态下，属性栏中会出现两个特有的图标：【垂直对齐】和【页边距】页边距 ，前者指单元格里文本的垂直对齐方式，如图 7-34 所示；后者翻译得不准确，其实是指内边距，即单元格文本与单元格边线的距离。

2. 其他编辑

（1）合并与拆分单元格

用【表格工具】⊞在单元格里拖曳选择一个或多个单元格，属性栏中就会出现【合并单元格】㘣（快捷键【Ctrl+M】）、【水平拆分单元格】、【垂直拆分单元格】、【撤销合并】四个按钮。在拆分时还可以设置行数或列数，如图 7-35 所示。当然也可以右击并选择相应的命令或选择【表格】菜单命令进行操作。

顶端垂直对齐	居中垂直对齐	底部垂直对齐	上下垂直对齐
进厂日期 项目规模 预算金额 其他费用	进厂日期 项目规模 预算金额 其他费用	进厂日期 项目规模 预算金额 其他费用	进厂日期 项目规模 预算金额 其他费用

图 7-34　垂直对齐方式

图 7-35　水平拆分单元格

（2）选择行、列、表

选择行、列、表，除了使用菜单命令和右键快捷菜单命令，最方便的方法是将鼠标指针移到表格上，变为 时可选择整行，变为 时可选择整列，变为 时可选择整表。

（3）插入与删除行、列

选择单元格或行、列，右击并选择相应的命令或选择【表格】菜单命令进行操作即可。

（4）调整行、列大小

创建表格后，直接用表格工具选择行、列线拖曳即可改变行、列的大小，如图 7-36 所示，若要平均分配行、列大小，选择行、列或表后右击，选择【分布】→【行均分】或【列均分】即可，如图 7-37 所示。

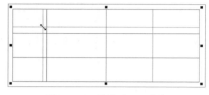

图 7-36　拖曳行、列线

图 7-37　均分行或列

（5）图形化

可按快捷键【Ctrl+K】拆分表格，使之失去表格属性，然后按快捷键【Ctrl+U】取消组合，原表格将会变成一些直线段。

课堂范例——绘制成绩单

步骤 01　执行【表格】→【创建新表格】命令，在对话框中设置行数为 11，栏数为 24，单击【OK】按钮插入表格，再拖曳上中和左中的定界点到如图 7-38 所示的位置。切换到【表格工具】，将第 1、2、4 条行线向下拖曳，再将右边框、下边框和第 2、3 条列线拖曳到如图 7-39 所示的位置。

步骤 02　将鼠标指针定位到最后一列，按住鼠标左键拖曳到第 3 列选择单元格，然后右击，选择【分布】→【列均分】，如图 7-40 所示。用同样的方法把后面的行均分。

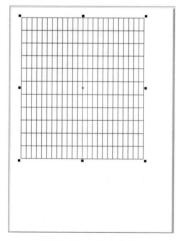

图 7-38　创建表格

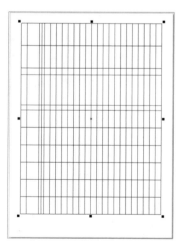

图 7-39　调整表格行、列线

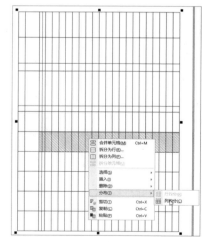

图 7-40　列均分

技能拓展　在拖曳行、列线时，若要让其下方的行线或其右侧的列线同时移动，可按住【Shift】键。

步骤 03　选择第 1 行，单击【合并单元格】按钮将其合并，如图 7-41 所示。用同样的方法合并第 2 行和末行，如图 7-42 所示。

步骤 04　选择如图 7-43 所示的单元格，右击并在快捷菜单中选择【拆分为行】命令，在弹出的对话框里设置拆分为 2 行。

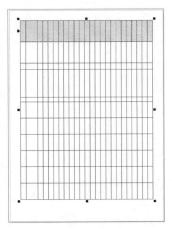
图 7-41　合并单元格

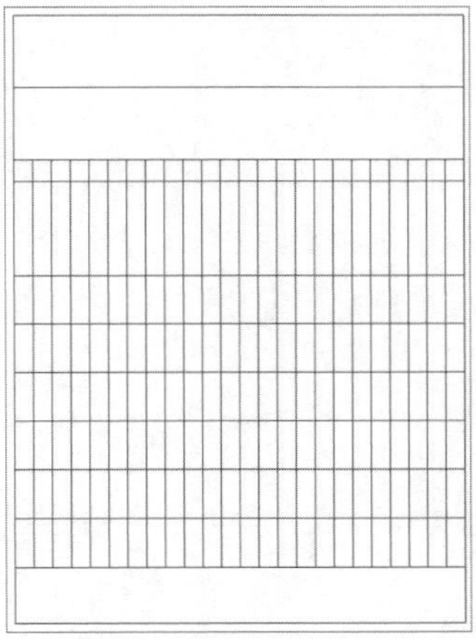

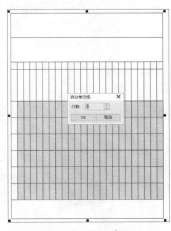
图 7-42　合并单元格效果

图 7-43　拆分单元格

步骤 05　按住【Shift】键向右拖曳第 3 条列线加大列宽，如图 7-44 所示。将如图 7-45 所示的单元格及其上方的单元格合并。

步骤 06　在第 1 个单元格中输入文字，按【Tab】键两次，输入"课程编号"，按【Tab】键，输入"1"，继续输入后面的文字，效果如图 7-46 所示。

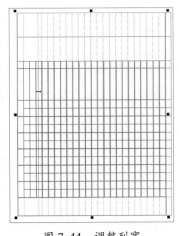
图 7-44　调整列宽

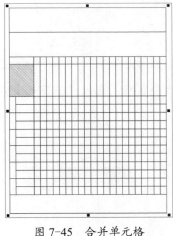
图 7-45　合并单元格

图 7-46　输入文字

步骤 07　用【表格工具】选中第 1 个单元格中的文字，将文字调大，水平、垂直方向都选择居中对齐，如图 7-47 所示。

步骤 08　当前两位数的课程编号都只显示了一位而且有红色虚线外框，表示文字未显示完，可将这些单元格选中，然后单击属性栏中的【页边距】，单击【锁】按钮取消链接，将左、右边距由 2mm 改为 0.5mm，如图 7-48 所示。用【2 点线】工具绘制对角线。

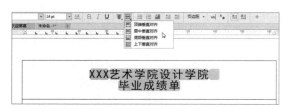

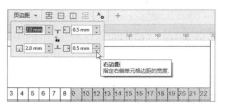

图 7-47　调整文字大小与对齐方式　　　　　　图 7-48　设置单元格页边距

步骤 09　切换到【表格工具】田选择第 2 行单元格，在属性栏的【填充色】里设置填充 20% 黑，如图 7-49 所示，再右击并在快捷菜单中选择【拆分为行】命令，在弹出的对话框中设置拆分为 2 行，继续右击并在快捷菜单中选择【拆分为列】命令，在弹出的对话框中设置拆分为 13 列，如图 7-50 所示。

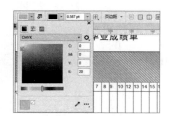

图 7-49　填充单元格　　　　　　　　　　　图 7-50　拆分单元格

步骤 10　输入如图 7-51 所示的文字。合并中间的空白单元格，继续输入文字，适当调大文字并设置水平居中对齐，如图 7-52 所示。

图 7-51　输入文字　　　　　　　　　　图 7-52　合并单元格并输入文字

步骤 11　用【选择工具】选中表格，在属性栏中将【轮廓宽度】改为 1.5pt，最终效果如图 7-53 所示。

图 7-53　成绩单最终效果

度量工具与连接器工具

用CorelDRAW 2022绘制设计图、施工图等需要精确的尺寸的图时，以及在绘制流程图、组织结构图时，如何准确、高效地完成呢？答案是使用度量工具、连接器工具。

7.4.1　度量工具

1. 度量工具简介

度量工具组包含【平行度量】 ✎、【水平或垂直度量】 ⌐、【角度尺度】 ◹、【线段度量】 ⌐、【2边标注】 ⤸ 5 种工具，如图 7-54 所示。

【平行度量】：标注斜向长度。单击标注起点拖曳到目标点，释放鼠标左键，再移到放置标注目标位置单击鼠标左键完成标注。

【水平或垂直度量】：标注水平或垂直正投影长度，标注方法同上。

【角度尺度】：标注角度。单击角顶点，然后捕捉第一条边，再捕捉第二条边，移到放置标注目标位置单击鼠标左键完成标注。

图 7-54　度量工具组

【线段度量】：自动标注捕捉点与下一节点之间的距离。在节点处单击，移到放置标注目标位置单击鼠标左键完成标注。

【2边标注】：即"引线标注"，用于标注材质、工艺等说明内容。

以上 5 种度量工具的效果如图 7-55 所示，可以看出使用这 5 种度量工具，除了半径、直径，其他尺寸基本都能标注。

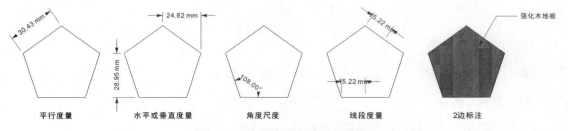

图 7-55　5 种度量工具标注效果

2. 度量工具属性栏

切换到【平行度量】 ✎ 或【水平或垂直度量】 ⌐ 工具，其属性栏如图 7-56 所示。

图 7-56　【平行度量】和【水平或垂直度量】工具属性栏

【动态度量】 ⤬ ：开启时对象缩放会自动更新实时尺寸，关闭时则不能。

【度量样式】 十进制 ▾ ：选择度量值的表示方法，一般选择十进制。

【度量精度】 0.00 ▾ ：设置精确到小数点后多少位。

【度量单位】 mm ▾ ：选择标注单位。

【显示单位】 ▾ₘ：开启时会在标注文字后显示单位。

【显示前导 0】 ▾ᵤ：当度量值小于 1 时在标注中显示前导 0。

【前/后缀】：为文字加上前缀或后缀。

【文本位置】 ▾：选择标注文字相对于尺度线的放置位置。

【延伸线选项】 ▾ₒ：自定义度量线上延伸线的长度。

7.4.2 连接器工具与锚点编辑工具

1.连接器工具

连接器工具包括直线连接器、直角连接器和直角圆形连接器，它们可以在对象之间绘制连线。在移动一个或两个对象时，被连接线连接的对象仍保持连接状态。

切换到【连接器工具】 ▾，默认为【直线连接器】 ▾，单击确定第一点后移动到目标点，释放鼠标左键即可连接两个对象，如图 7-57 所示。在属性栏中单击【直角连接器】 ▾，就能以转角为直角的连接线连接两个锚点，如图 7-58 所示。同样，切换为【直角圆形连接器】 ▾后就能以转角为圆角的连接线连接两个锚点，如图 7-59 所示，圆角的程度可以在属性栏中调整。

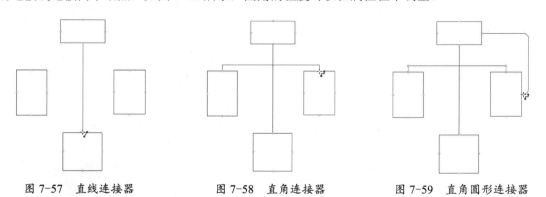

图 7-57　直线连接器　　　　图 7-58　直角连接器　　　　图 7-59　直角圆形连接器

2.锚点编辑工具

使用锚点编辑工具可以为图形添加、移动和删除锚点。

例如，一个椭圆形默认有四个锚点，切换到【锚点编辑工具】 ▾，在无锚点处双击就能添加锚点，如图 7-60 所示，同样在有锚点处双击就能删除锚点。选择锚点就能移动锚点，如图 7-61 所示。用【连接器工具】 ▾可以捕捉锚点。

图 7-60　添加锚点　　　　　　　　　　　图 7-61　移动锚点

课堂问答

学习了本章与文本相关的工具和命令后，还有哪些需要掌握的难点知识呢？下面将为读者讲解本章的疑难问题。

问题1：如何快速调整字间距？

答：用【形状工具】，选择美术文本后，文本的左下角和右下角会出现两个拉杆，如图7-62所示，拖曳左下角的拉杆可以调整行间距，拖曳右下角的拉杆可以调整字间距。对于段落文本，直接用【选择工具】选中，右下角就会出现两个拉杆，如图7-63所示，拖曳箭头向下的拉杆可以调整行间距，拖曳箭头向右的拉杆可以调整字间距。用【形状工具】选择段落文本后可与美术文本一样调整字间距。

图 7-62　调整美术文本字间距　　　　图 7-63　调整段落文本字间距

问题2：如何实现文本绕排？

答：选中对象，将其置于段落文本上，然后单击属性栏中的【文本换行】按钮，选择一种换行样式，如图7-64所示，还可以通过【文本换行偏移】修改对象与文本之间的距离。

问题3：文本转曲后还可以编辑吗？

答：文本转曲后属性发生了变化，变成了普通的对象，不再具有文本的属性，不能进行改变字体、编辑文本等操作。所以，文本转曲前最好能做一个备份，以便后期修改。

图 7-64　文本换行

上机实战——广告标题文本设计

为了让读者巩固本章知识点，下面讲解一个技能综合案例，使读者对本章的知识有更深入的了解。

效果展示

本例设计一个广告标题文字，首先输入文字，调整文字大小与位置，然后使用轮廓图工具制作轮廓效果，最后使用立体化工具制作立体效果。

制作步骤

步骤 01　按【F8】键，输入文字，字体为方正综艺简体，如图 7-65 所示。分别选中数字"5"与汉字"午"，改变文字大小，如图 7-66 所示。

图 7-65　输入文字 　　　　　　　　　　　　　　图 7-66　改变文字大小

步骤 02　选择工具箱中的【形状工具】🖰，将鼠标指针置于文字左下角的控制点上，如图 7-67 所示。调整文字位置，如图 7-68 所示。

图 7-67　放置鼠标指针 　　　　　　　　　　　　图 7-68　调整文字位置

步骤 03　按【G】键，为文字填充蓝色到白色的渐变，如图 7-69 所示。选择工具箱中的【轮廓图工具】▣，在文字上拖曳，得到如图 7-70 所示的轮廓图效果。

图 7-69　填充渐变 　　　　　　　　　　　　　　图 7-70　轮廓图效果

步骤 04　按快捷键【Ctrl+K】拆分文字，更改轮廓图形的颜色为绿色，如图 7-71 所示。选择工具箱中的【立体化工具】◈，在文字上由上至下拖曳鼠标，制作立体化效果。单击属性栏中的【立体化颜色】按钮◈，设置颜色为深蓝色到浅蓝色的渐变，如图 7-72 所示。

图 7-71 更改颜色

图 7-72 设置立体化颜色

步骤 05 选中图形上的符号✕，调整立体化效果，如图 7-73 所示。选中最外面的轮廓图形，选择工具箱中的【立体化工具】❀，单击属性栏中的【复制立体化属性】按钮▤，单击文字的立体化效果部分，如图 7-74 所示。

图 7-73 调整立体化效果

图 7-74 单击文字的立体化效果部分

步骤 06 复制立体化效果，如图 7-75 所示。选中图形上的符号✕，调整立体化效果，如图 7-76 所示。

图 7-75 复制立体化效果

图 7-76 调整立体化效果

步骤 07 单击属性栏中的【立体化颜色】按钮❀，更改立体化效果颜色为深绿色到浅绿色的渐变，如图 7-77 所示，最终效果如图 7-78 所示。

图 7-77 改变立体化颜色

图 7-78 最终效果

同步训练——绘制流程图

为了增强读者的动手能力，下面安排一个同步训练案例，让读者达到举一反三、触类旁通的学习效果。

图解流程

思路分析

本例绘制一个审批流程图，首先输入文字，然后绘制框架并对齐、组合框架，再用连接器连接框架，最后进行微调。

关键步骤

步骤01 按【F8】键在页面中单击并输入文字"报送"，然后将文字复制到其他位置并更改文字内容，如图 7-79 所示。

步骤02 改变文字"补正"及"需补正情形"的字体及大小，如图 7-80 所示。然后拖曳右键将其属性分别复制到文字"不予受理"及"可受理情形"。

图 7-79　创建文字

图 7-80　更改文字的字体及大小

步骤03 用矩形工具把文字框起来，并将部分矩形圆角，设置轮廓宽度为1pt，如图 7-81 所示。将正方形旋转45°并将鼠标指针定位到上中定界点，按住【Shift】键和鼠标左键向下拖曳使之变成菱形，然后框选中间的几个图形，按【C】键水平居中对齐，如图 7-82 所示。

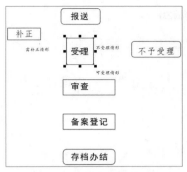

图 7-81　绘制矩形

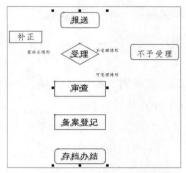

图 7-82　水平居中对齐

步骤 04　切换到【连接器工具】，将中间和右侧的图形连接起来，如图 7-83 所示。在属性栏中切换到【直角连接器】，将其他图形连接起来，如图 7-84 所示。

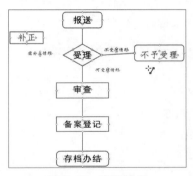

图 7-83　连接图形

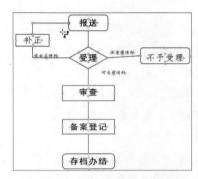

图 7-84　用直角连接器连接

步骤 05　用【连接器工具】选择连接线，在属性栏中选择【终止箭头】样式为【箭头 2】，如图 7-85 所示。将右侧图形对齐，对小字的位置进行移动、对齐，最终效果如图 7-86 所示。

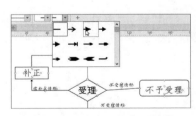

图 7-85　设置终止箭头样式

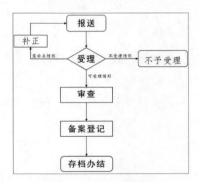

图 7-86　最终效果

✎ 知识能力测试

本章讲解了如何在 CorelDRAW 中编辑文本、表格与度量标注，为对知识进行巩固和考核，下面布置相应的练习题。

一、填空题

1. 在编辑单元格时，按_____键可以跳转到下一个单元格，按_____键可以跳转到上一个单元格。

2. 在编辑文本时，经常需要输入各种特殊字符，使用_____泊坞窗可以很轻松地插入各种字符，调出该泊坞窗的快捷键是_____。

3. 若要解除段落文本与图形之间的连接，可以使用_____命令。

4. 合并单元格的快捷键是_____。

二、选择题

1. CorelDRAW中表格工具不能进行的操作是（　　）。

A. 拆分为矩形　　　　B. 改变表格颜色　　　C. 将文字居中　　　　D. 改变轮廓粗细

2. 以下关于文本的说法中错误的是（　　）。

A. 美术文本可以创建项目符号　　　　　　B. 段落文本可以分栏

C. 字母可以更改大小写　　　　　　　　　D. 段落文本可以进行连接

3. 要编排大量的文字，最好选择（　　）。

A. 段落文本　　　　　B. 字符文本　　　　　C. 美术文本　　　　　D. 以上均可

4. 若使用【文本适合路径】命令后，文本没有适合路径，原因可能是（　　）。

A. 文本是美术文本　　　　　　　　　　　B. 文本是段落文本

C. 文本被转换为曲线　　　　　　　　　　D. 以上均可能

5. 用于度量图形正投影距离的是（　　）工具。

A. 平行度量　　　　　B. 水平或垂直度量　　C. 2边标注　　　　　D. 线段度量

6. 在拖曳行、列线时，若要其右侧的列线或其下方的行线同时移动，可按住（　　）键。

A. Ctrl　　　　　　　B. Alt　　　　　　　　C. Tab　　　　　　　　D. Shift

三、简答题

1. 在广告标题设计中，很多时候文本字体并不是单一的，需要进行局部变化，在CorelDRAW中如何进行此操作？

2. 段落文本和美术文本如何互相转换，若段落文本无法转换为美术文本，可能有哪些原因？

CorelDRAW 2022

CorelDRAW 2022 具有强大的位图处理功能，包括裁剪位图、改变位图颜色等。此外，还可以为位图添加很多特殊效果，包括三维效果、艺术笔触、模糊、轮廓图、扭曲、杂点和鲜明化等滤镜，使用这些滤镜可以制作出各种不同的效果。

学习目标

- 学会编辑位图的方法
- 熟悉位图的颜色模式
- 掌握调整位图色调的方法
- 熟悉位图滤镜效果的应用

8.1 编辑位图

CorelDRAW不但可以编辑矢量图，还可以编辑位图，并且可以将矢量图与位图进行相互转换。

8.1.1 将矢量图转换为位图

在编辑矢量图的过程中，有时要对矢量图的某些细节进行修改，此时必须先将矢量图转换为位图。使用工具箱中的【选择工具】，选择需要转换的图形，执行【位图】→【转换为位图】命令，打开如图8-1所示的【转换为位图】对话框。其中各选项含义如下。

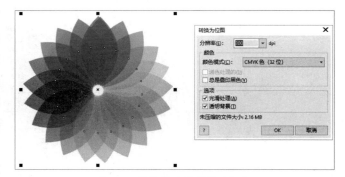

图 8-1 【转换为位图】对话框

- 颜色模式：选择矢量图转换为位图后的颜色模式。
- 分辨率：选择矢量图转换为位图后的分辨率。
- 光滑处理：可以使图形在转换的过程中消除锯齿，使边缘更加平滑。
- 透明背景：如果不选中此选项，背景将为白色。

8.1.2 将位图转换为矢量图

选择工具箱中的【选择工具】，选择图形，在属性栏中执行【描摹位图】→【轮廓描摹】→【高质量图像】命令，打开【PowerTRACE】对话框，如图8-2所示。单击【OK】按钮，系统将自动根据位图描绘出一幅矢量图，如图8-3所示。

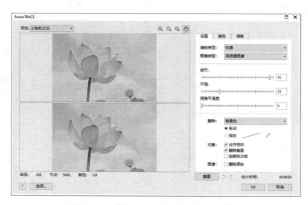

图 8-2 【PowerTRACE】对话框

图 8-3 描绘出一幅矢量图

8.1.3　改变图像属性

使用【重新取样】命令可以改变图像的属性。使用【挑选工具】选取需要重新取样的图像，执行【位图】→【重新取样】命令，打开如图8-4所示的对话框。

- 图像大小：设置图像【宽度】和【高度】及缩放比例。
- 分辨率：设置图像【水平】和【垂直】方向的分辨率。
- 模式：选择处理图像的算法。
- 保持纵横比：可以在变换的过程中保持原图的宽高比例。
- 保持原始文件大小：可以使变换后的文件保持原文件的大小。

图 8-4　【重新取样】对话框

8.1.4　裁剪位图

前文中介绍了导入位图后通过【裁剪工具】或【PowerClip】命令裁剪，下面介绍导入位图前进行裁剪，其操作步骤如下。

步骤 01　在导入位图前，在对话框中选择文件，在【导入】按钮下拉菜单中选择【裁剪并装入】选项，如图8-5所示。

步骤 02　打开【裁剪图像】对话框，如图8-6所示。

步骤 03　在【裁剪图像】对话框中，确定位图的保留区域，如图8-7所示。单击【OK】按钮，即可将裁剪后的位图导入工作区，如图8-8所示。

图 8-5　【导入】对话框

图 8-6　【裁剪图像】对话框

图 8-7　确定保留区域

图 8-8　导入位图

8.2 位图的颜色模式

在CorelDRAW中处理图像的颜色以颜色模式为基础，位图的颜色模式决定了用于显示或打印的颜色特征。执行【位图】→【模式】命令，可以看到 7 种颜色模式，下面进行介绍。

8.2.1 黑白模式

黑白模式属于 1 位颜色模式，这种模式可以将图像保存为两种颜色，通常是黑色和白色，没有灰度级别。这种模式可以清楚地显示出位图的线条及轮廓图，比较适用于艺术线条和一些简单的图形。

选择一张位图，执行【位图】→【模式】→【黑白】命令，弹出【转换至 1 位】对话框，如图 8-9 所示。在对话框中设置好参数后，单击【OK】按钮即可。

图 8-9 【转换至 1 位】对话框

8.2.2 灰度模式

灰度模式可以将彩色位图转换为灰度图像，从而产生类似于黑白照片的效果。灰度图像中共有 256 个色阶（从 0 到 255），0 代表黑色，255 代表白色，黑白印刷就是采用这种模式。位图转换为灰度模式后再转换为RGB 或CMYK 模式，原位图的颜色不能恢复。

8.2.3 双色调模式

双色调模式采用 2 ~ 4 种彩色油墨混合其色阶来创建双色调（2 种颜色）、三色调（3 种颜色）、四色调（4 种颜色）的图像，在将灰度图像转换为双色调模式图像的过程中，可以对色调进行编辑以产生特殊的效果。双色调模式的重要优势之一是使用尽量少的颜色表现尽量多的颜色层次，因为只有一个通道，只需要出一张菲林，所以可以减少印刷成本。

8.2.4 调色板模式

调色板模式又叫索引模式，适用于 Web 上显示的图像。将图像转换为调色板模式时，会给每个像素分配一个固定的颜色值，这些颜色值存储在一个简洁的颜色表中，即调色板，最多包含 256 种颜色。调色板模式只有一个通道，所以文件较小，对于颜色范围有限的图像，将其转换为调色板模式时效果最佳。

8.2.5　RGB模式

RGB模式基于三原色（红、绿、蓝）的百分比来创建颜色，因此最适合在电子媒体上显示。在RGB模式的图像中，某种颜色的含量越多，这种颜色的亮度就越高，由其产生的结果中这种颜色也就越亮。例如，当三种颜色的亮度级别都为 0 时（亮度级别最低），它们混合出来的颜色就是黑色；当三种颜色的亮度级别都为 255 时（亮度级别最高），它们混合出来的颜色就是白色。每一种原色都有 256 级（0 ~ 255），理论上就有约 1670 万种颜色。

8.2.6　Lab模式

Lab模式所定义的色彩最多，处理速度与RGB模式同样快，比CMYK模式快很多，且与光线及设备无关。因此，可以放心大胆地在图像编辑中使用Lab模式。Lab颜色模型由三个要素组成，其中L表示亮度，a 和b是两个颜色通道，a表示从红色到绿色的范围；b表示从黄色到蓝色的范围。L的值域为 0 ~ 100，L=50 时，相当于 50% 黑，a的值域是 +120 a（红色）到 -120 a（绿色），其颜色也是从红色渐渐过渡到绿色；同样原理，b的值域是从 +120 b（黄色）到 -120 b（蓝色），其颜色是从黄色渐渐过渡到蓝色。

8.2.7　CMYK模式

CMYK模式是为了印刷工业开发的一种颜色模式，它的 4 种颜色分别代表了印刷中常用的油墨颜色（Cyan青、Magenta品红、Yellow黄、Black黑），其取值范围是 0 ~ 100。将 4 种颜色按照一定的比例混合起来，就能得到范围很广的颜色。因为CMYK模式的颜色范围比RGB模式的颜色范围要小一些，所以在打印图像时，不能打印RGB模式的图像，需要将RGB模式的图像更改为CMYK模式。如果将RGB模式的图像进行转换，可能会出现颜色损失或偏色的现象。

8.3　调整位图的色调

导入页面中的位图效果并不一定是用户想要的效果，用户可以根据需要对位图进行调整，如调整其色调、饱和度、亮度等，从而得到自己想要的效果。

8.3.1　调整原则及基本操作

在使用调整命令之前要先明白调整图像的原则，不然调整就失去了依据；还要熟悉CorelDRAW 2022 调整图像的基本操作，并能举一反三。

1. 调整图像的基本原则

图像能调出千变万化的效果，这些效果大致可以分为亮度、色彩和清晰度三大要素。亮度是图像最基本的要素，亮度过低或亮度过高图像都将不可见，亮度层次决定图像色彩层次。评价一张图像首先要看其亮度是否足够，有没有偏暗或偏亮的情况，图像各层次是否完整，亮调是否有损失，暗调是否被压缩了。然后看色彩是否符合设计需求，是否有系统性偏色（如整体偏黄）或特殊偏色（如纯黄色偏红黄色，蓝色偏紫色）的现象。最后看清晰度是否合适，是否有噪点，是否有杂色。当然亮度与色彩是互相影响的，调整亮度会影响色彩，调整色彩会影响亮度，但先调整亮度再调整色彩相对来说影响比较小。

拿到一张图像素材，先对其进行亮度、色彩和清晰度三方面的评估，有了较为明确的调整目标后，再使用相关的调整命令进行调整。

2. CorelDRAW 2022 调整命令的基本用法

以【亮度】命令为例，CorelDRAW 2022 中调整命令的基本用法如下。

选中位图，执行【效果】→【调整】→【亮度】命令，弹出【亮体】对话框，默认开启预览，拖曳参数滑块或输入参数，即可即时预览调整效果，如图 8-10 所示。单击 按钮可以预览调整前后效果对比，如图 8-11 所示；单击 按钮可将图片分为左右两部分，预览调整前后的效果对比，如图 8-12 所示。单击右上角的命令可以缩放或平移，单击下方按钮可以重置或确认。单击 按钮则切换到在原图中预览模式。

图 8-10　即时预览

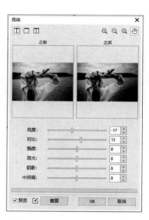

图 8-11　对比预览

图 8-12　左右对比预览

8.3.2　亮度调整命令

亮度调整命令有【亮度】【色阶】【调和曲线】【伽马值】【黑与白】等。

以【色阶】命令为例，执行【效果】→【调整】→【色阶】命令，打开【级别】对话框，如图 8-13 所示，可以看出这个图像缺乏亮调，也稍微缺乏暗调。对话框中的直方图横轴代表亮度，左侧的黑色三角形代表暗调，右侧的白色三角形代表亮调，中间的灰色三角形代表中间调；纵轴表示像素数量。可以看到该图像亮调缺乏像素，暗调也缺乏一点像素，与实际情况相符。上方的三角形表示输出色阶，下方的三个三角形表示输入色阶。调整该图像，只需将输入色阶的黑色、白色三角形调到有像素处即可，如图 8-14 所示。

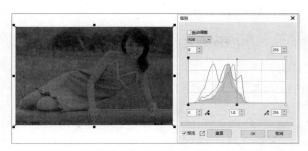

图 8-13 执行色阶命令

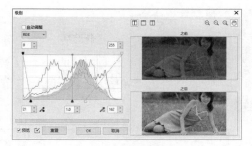

图 8-14 将输入色阶的黑色、白色三角形
调到有像素处

8.3.3 色彩调整命令

色彩调整命令有【调整整体颜色】【调整单色】与【调整全色】，下面分别举例。

1. 调整整体颜色命令

以【颜色平衡】命令为例，选中位图，观察发现其亮度比较合适，但整体颜色偏绿。

步骤 01 执行【效果】→【调整】→【颜色平衡】命令，打开【颜色平衡】对话框，看参数可知这是以青（C）—红（R）、品红（M）—绿（G）、黄（Y）—蓝（B）互补原理设计的命令，该位图偏绿，那么减少绿色（意味着增加品红色）即可。选择【中间色调】选项卡，将【品红—绿】滑块向左拖曳，如图 8-15 所示；再选择【高光】选项卡，将【品红—绿】滑块向左拖曳，可见偏绿问题基本被校正，但高光区域有些偏黄，再将【黄—蓝】滑块向右拖曳稍微减少黄色，如图 8-16 所示。

步骤 02 切换到【主对象】选项卡，减少绿色，增加蓝色，偏色问题得以解决，如图 8-17 所示，单击【OK】按钮完成调整。

图 8-15 【中间色调】选项卡

图 8-16 【高光】选项卡

图 8-17 【主对象】选项卡

温馨
提示

【三向色】选项卡里的【中间色调】与【高光】选项和【中间色调】与【高光】选项卡是一样的，调整一个，另一个将同步调整。

2. 调整单色命令

以【替换颜色】命令为例，打开位图，要把红玫瑰调整为黄玫瑰。

步骤 01　执行【效果】→【调整】→【替换颜色】命令，打开对话框，单击【原始】后的吸管在原图中吸取原始色，如图 8-18 所示，然后调整色度或单击【新建】后的吸管在目标色上吸取，如图 8-19 所示。

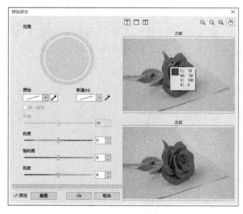

图 8-18　选择原始色

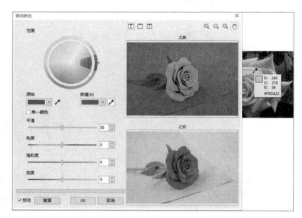

图 8-19　选择新建色

步骤 02　此时颜色已大体调整完成，但暗调里还存在红色，可将其色度范围调大，如图 8-20 所示。继续微调色度、饱和度与亮度，如图 8-21 所示，单击【OK】按钮，替换颜色完成。

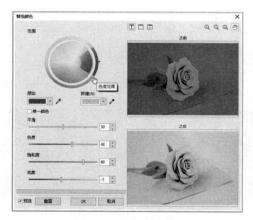

图 8-20　调整色度范围

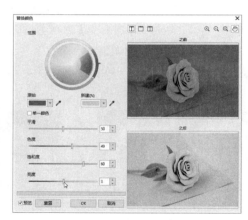

图 8-21　微调其他参数

3. 调整全色命令

以【色调/饱和度/亮度】为例。

步骤 01　调整整体颜色。选择位图，执行【效果】→【调整】→【色调/饱和度/亮度】命令，打开对话框，观察参数可知其原理是以新色轮转动对应原图色轮色相，分为"主对象"（整体色）和六大色加灰度（单色）8 个通道，可以调整饱和度和亮度。调整色度滑块就能把绿枫叶变成红枫叶，如图 8-22 所示。

图 8-22　调整整体颜色

步骤 02　调整单个颜色。选择位图，执行【效果】→【调整】→【色调/饱和度/亮度】命令，在
【通道】中选择"红"，将【色度】滑块拖曳到左侧，红玫瑰即会变为紫玫瑰，如图 8-23 所示。

图 8-23　调整单个颜色

8.3.4　其他调整命令

CorelDRAW 2022 中还有一些其他命令可以调整亮度和色彩。使用自动调整命令，可以自动调
整各现有通道的色阶。但对于某个通道已损坏的图像就只能使用【通道混合器】命令修复。

步骤 01　导入位图，可以看出该照片严重偏黄，根据补色原理，可知蓝通道已经损坏。执行
【效果】→【调整】→【通道混合器】
命令，打开对话框，【输出通道】表
示需要修补的通道，所以需要选择
"蓝"，然后用未损坏的通道来修补，
这里选择"绿"，拖曳滑块使偏色不
那么明显，如图 8-24 所示。

步骤 02　现在照片偏黄的问题
已基本得到校正，但照片稍微有点偏
洋红。将【输出通道】切换到"绿"，
用"红"通道来修补，如图 8-25 所示。

图 8-24　修补蓝通道　　　　　图 8-25　修补绿通道

📖 **课堂范例——调制梦幻效果**

步骤 01　按快捷键【Ctrl+I】，导入"素材文件\第 8 章\阳光森林 .jpg"文件，执行【效果】→【调整】→【图像调整实验室】命令，可以看到能调整图像的 8 大参数，首先将【温度】调到 3000，如图 8-26 所示。

步骤 02　将【淡色】调为黄色，将【饱和度】适当降低，如图 8-27 所示。

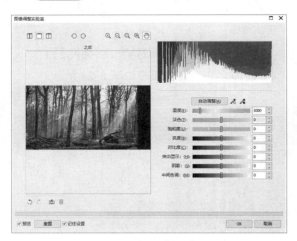

图 8-26　调整温度　　　　　　　　　　　　　图 8-27　调整浅色和饱和度

步骤 03　调整【亮度】和【对比度】，如图 8-28 所示。最后再微调【突出显示】和【中间色调】，如图 8-29 所示，朝阳透过森林的照片被调整成了夕阳照射效果，单击【OK】按钮完成调整。

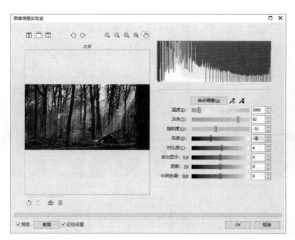
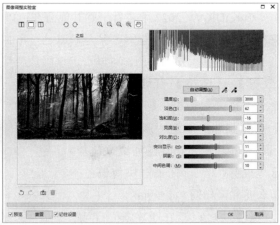

图 8-28　调整亮度和对比度　　　　　　　　　图 8-29　微调其他参数

8.4　位图滤镜效果

滤镜主要用于在位图或矢量图中创建一些普通编辑难以完成的特殊效果，CorelDRAW 中的多数滤镜都通过对话框的形式来处理输入的参数，同时预览框可以方便用户观察使用滤镜后的效果。CorelDRAW 2022 中有十几组滤镜，它们都位于【效果】菜单中。

8.4.1　三维效果滤镜组

【三维效果】滤镜组主要用于使位图产生三维特效，可以为图像快速添加深度和维度。单击【效果】菜单，展开【三维效果】菜单，即可看到三维效果滤镜，下面介绍其中常用的几种滤镜。

1. 三维旋转滤镜

使用【三维旋转】滤镜可以通过拖放三维模型，在三维空间中旋转图像；也可以在【水平】或【垂直】文本框中输入旋转值，参数范围为 -75 ~ 75，如图 8-30 所示。

2. 浮雕滤镜

【浮雕】滤镜用于在对象上创建凸出或凹陷的效果。通过修改图像的光源，可以制作浮雕效果。

在图像左上方放置照射图像的光源（大约在 135° 的位置），可以创建凸出效果的图像。在光源相反的方向添加阴影效果（如光源在左上角，就应该在右下角放置阴影），可以强化浮雕效果，如图 8-31 所示。

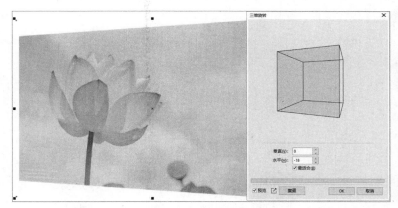
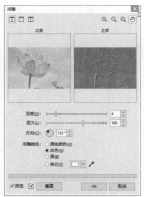

图 8-30　【三维旋转】滤镜　　　　　图 8-31　【浮雕】滤镜

3. 挤远 / 挤近滤镜

【挤远/挤近】滤镜用于处理图像的中心位置，使图像以圆的方式挤近或挤远所设中心点的区域。挤远图像的中心区域，会使图像远离中心点；挤近图像的中心区域，会使图像接近中心点。挤远效果的参数范围为 1 ~ 100；挤近效果的参数范围为 -100 ~ -1，如图 8-32 所示。

4. 锯齿型滤镜

【锯齿型】滤镜用于制作涟漪波纹效果，如图 8-33 所示。

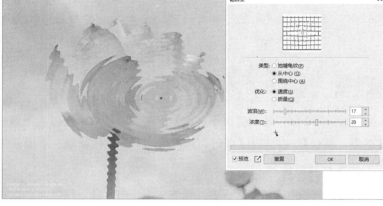

图 8-32　挤近效果　　　　　　　　　　　图 8-33　【锯齿型】滤镜效果

5. 卷页滤镜

【卷页】滤镜能做出卷页效果，如图 8-34 所示。

6. 球面滤镜与柱面滤镜

【球面】滤镜能做出凸出或凹陷的球面效果，参数值为 -100 ~ 0 时为凹陷球面效果，参数值为 0 ~ 100 时为凸出球面效果，如图 8-35 所示。【柱面】滤镜与【球面】滤镜类似，只是把球面换成了柱面，增加了【水平】和【垂直的】模式选项，如图 8-36 所示。

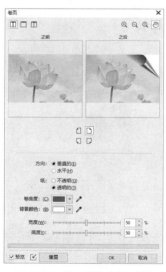

图 8-34　【卷页】滤镜效果　　　图 8-35　【球面】滤镜效果　　　图 8-36　【柱面】滤镜效果

8.4.2　艺术笔触滤镜组

【艺术笔触】滤镜组可以把图像转换为使用各种绘画方法绘制的效果，包括各种自然绘制工具及自然绘制风格，如炭笔画、印象派等。单击【效果】→【艺术笔触】菜单即可看到该滤镜组中的滤镜，下面介绍其中常用的几种滤镜。

1. 炭笔画滤镜

使用【炭笔画】滤镜，可以使图像产生炭笔画效果。炭笔的大小和边缘的参数范围为 1 ~ 10。图 8-37 所示为【炭笔画】滤镜的对话框。

2. 印象派滤镜

印象派绘画的色彩随着观察位置、受光状态的变化和环境的影响而变化。【印象派】滤镜模拟了油性颜料的效果。对话框中的【样式】选项用来在笔触和色块间选择，在【技术】选项区域中可以设置笔触的强度、着色数量及亮度，如图 8-38 所示。

3. 素描滤镜

【素描】滤镜用于模拟使用石墨或彩色铅笔绘画的效果。对话框中的【铅笔类型】选项用来选择使用碳色铅笔（灰色）还是彩色铅笔生成图像的素描画。【轮廓】控制图像边缘的厚度。选中位图，执行【位图】→【艺术笔触】→【素描】命令，弹出【素描】对话框，选择【铅笔类型】为【碳色】，得到如图 8-39 所示的效果。

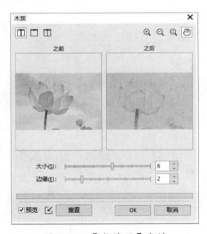

图 8-37 【炭笔画】滤镜

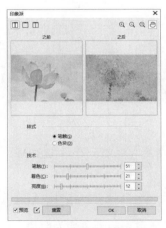

图 8-38 【印象派】滤镜

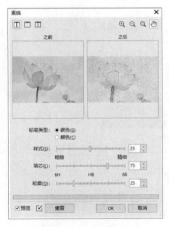

图 8-39 【素描】滤镜

8.4.3 模糊滤镜组

CorelDRAW 2022 中包含丰富多样的模糊滤镜。【模糊】滤镜组主要用于编辑导入位图和创建模糊效果，其工作原理是平滑颜色上的尖锐突出。CorelDRAW 2022 提供了 12 种模糊滤镜，单击【效果】→【模糊】菜单即可看到该滤镜组中的滤镜。下面介绍其中常用的几种滤镜。

1. 高斯式模糊滤镜

【高斯式模糊】是最常用的模糊滤镜之一，通常用来降低图片的噪点或细节层次。图 8-40 所示为【高斯式模糊】对话框。

2. 动态模糊滤镜

【动态模糊】滤镜是一个非常受欢迎的滤镜，通常用于创建运动效果。【动态模糊】滤镜通过只在某一个角度上集中应用模糊效果，创建运动效果，该角度可以在对话框中定义，如图 8-41 所示。

3. 放射式模糊滤镜

【放射式模糊】滤镜创建一种从中心位置向外辐射的模糊效果。距离中心位置越远，模糊效果越强烈。默认情况下，模糊中心位置是图像的中心。选择对话框中的拾取中心点工具，然后单击图像，可以修改中心位置，如图 8-42 所示。

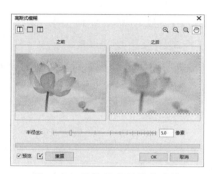
图 8-40 【高斯式模糊】滤镜

图 8-41 【动态模糊】滤镜

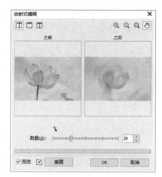
图 8-42 【放射式模糊】滤镜

8.4.4 颜色转换滤镜组

执行【效果】→【颜色转换】命令可以看到 CorelDRAW 2022 为用户提供了 4 种颜色转换滤镜，下面介绍其中常用的滤镜。

1. 梦幻色调滤镜

【梦幻色调】滤镜可以将位图图像中的颜色变为明快、鲜亮的颜色，从而产生一种高对比度的幻觉效果。图 8-43 所示为【梦幻色调】对话框。

2. 曝光滤镜

【曝光】滤镜可以把图像转化为类似照片负片的效果，较低的层次值可以创建颜色较深的图像，而较高的层次值可以创建颜色更丰富的图像，更接近彩色底片的效果。图 8-44 所示为【曝光】对话框。

3. 半色调滤镜

【半色调】滤镜可以使位图图像产生彩色网板的效果。若把彩色图像去色，添加该滤镜效果，会产生黑白报纸的效果，如图 8-45 所示。

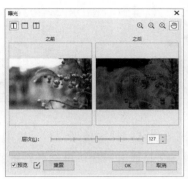

图 8-43 【梦幻色调】滤镜　　　图 8-44 【曝光】滤镜　　　图 8-45 【半色调】滤镜

8.4.5　轮廓图滤镜组

执行【效果】→【轮廓图】命令可以看到 CorelDRAW 2022 为用户提供了 4 种轮廓图滤镜，利用这些滤镜，可以轻松地检测和强调位图图像的边缘。

1. 边缘检测滤镜

【边缘检测】滤镜可以查找位图图像中的边缘并勾画出轮廓，此滤镜适合查找高对比的位图图像的轮廓。图 8-46 所示为【边缘检测】对话框。

2. 查找边缘滤镜

【查找边缘】滤镜可以自动查找位图的边缘并以较亮的色彩显示出来。图 8-47 所示为【查找边缘】对话框。

3. 描摹轮廓滤镜

【描摹轮廓】滤镜可以勾画出图像的边缘，边缘以外的区域以白色填充。图 8-48 所示为【描摹轮廓】对话框。

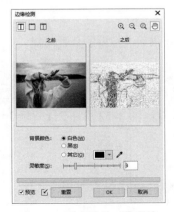

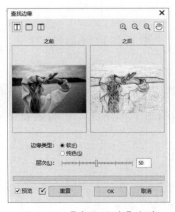

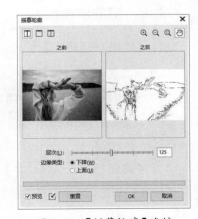

图 8-46 【边缘检测】滤镜　　　图 8-47 【查找边缘】滤镜　　　图 8-48 【描摹轮廓】滤镜

8.4.6 创造性滤镜组

执行【效果】→【创造性】命令，可以看到CorelDRAW 2022 提供了 11 种创造性滤镜。下面介绍其中常用的几种滤镜。

1. 织物滤镜

【织物】滤镜能模拟纺织品效果。图 8-49 所示为【织物】对话框。

2. 框架滤镜

【框架】滤镜用于在位图的周围添加艺术抹刷效果，对话框中有【选择】和【修改】两个选项卡。【选择】选项卡用来选择框架，【修改】选项卡则提供框架外观的修改参数。图 8-50 所示为【框架】对话框。

3. 虚光滤镜

【虚光】滤镜可以为图像添加矩形、椭圆等羽化边缘效果，如图 8-51 所示。

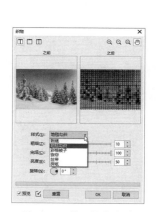

图 8-49 【织物】滤镜

图 8-50 【框架】滤镜

图 8-51 【虚光】滤镜

8.4.7 扭曲滤镜组

执行【效果】→【扭曲】命令，就会看到有 12 种扭曲滤镜。下面介绍其中常用的几种滤镜。

1. 置换滤镜

【置换】滤镜可以用选择的图案进行置换，在原图上产生类似毛玻璃的效果。可从其对话框下拉列表中选择一个置换图案，然后映射到原图像，并能调整相关参数。图 8-52 所示为【置换】对话框。

2. 偏移滤镜

【偏移】滤镜可以使图像在水平或垂直方向上产生偏移效果，如图 8-53 所示。

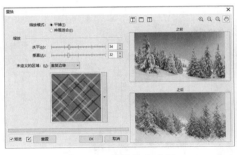

图 8-52 【置换】滤镜　　　　　　　　　　图 8-53 【偏移】滤镜

3. 龟纹滤镜

【龟纹】滤镜可对图像应用上下方向的波浪变形，默认的波浪是同图像的顶端和底端平行的，也可以应用垂直的波浪，如图 8-54 所示。

4. 像素化滤镜

【像素化】滤镜可以做出马赛克效果，执行【效果】→【扭曲】→【像素化】命令，将弹出【像素化】对话框，如图 8-55 所示。对话框中各选项含义如下。

- 当选择射线模式时，可以在预览窗口中设定像素化的中心点。
- 拖曳【宽度】及【高度】滑块可以设定像素色块的大小。
- 拖曳【不透明】滑块可以设定像素色块的不透明度，数值越小，像素色块就越透明。

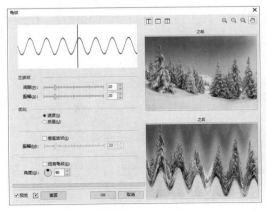

图 8-54 【龟纹】滤镜　　　　　　　　　　图 8-55 【像素化】滤镜

5. 风吹效果滤镜

【风吹效果】滤镜可以模拟风将像素吹移位的效果。可以调整【浓度】【不透明】与【角度】参数，如图 8-56 所示。

6. 旋涡滤镜

【旋涡】滤镜可以做出旋转扭曲的效果，如图 8-57 所示。

图 8-56 【风吹效果】滤镜

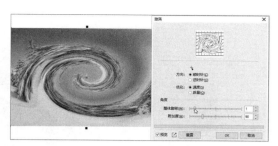

图 8-57 【旋涡】滤镜

8.4.8 杂点滤镜组

【杂点】滤镜组可以在位图中模拟或消除由扫描或颜色过渡造成的颗粒效果。在 CorelDRAW 2022 中有 8 个杂点滤镜，单击【效果】→【杂点】菜单就会看到该滤镜组中的滤镜。下面简单介绍几个常用的杂点滤镜。

1. 添加杂点滤镜

【添加杂点】滤镜可以在位图中增加颗粒，使图像具有粗糙效果。其中共有 3 种噪声类型：高斯式、尖突和均匀。高斯式类型沿着高斯曲线添加杂点；尖突类型比高斯式类型添加的杂点少，常用于生成较亮的杂点区域；均匀类型可在图像上相对地添加杂点。图 8-58 所示为【添加杂点】对话框。

2. 最大值滤镜

【最大值】滤镜可以放大图像的亮区，缩小图像的暗区，产生边缘浅色块状模糊效果。使用【最大值】滤镜时，根据周围像素最大颜色值来平均颜色值，如图 8-59 所示。

图 8-58 【添加杂点】滤镜

图 8-59 【最大值】滤镜

3. 中值滤镜

【中值】滤镜会对图像的边缘进行检测，将邻域中的像素按灰度级进行排序，然后选择该组的中间值作为像素的输出值，产生边缘模糊效果，如图 8-60 所示。

4. 去除龟纹滤镜

龟纹指的是在扫描、拍摄、打样或印刷过程中产生的不正常的、不悦目的网纹图形。【去除龟纹】滤镜可以去除图像中的龟纹，但去除龟纹后的画面会相应变得模糊，如图 8-61 所示。

图 8-60 【中值】滤镜

图 8-61 【去除龟纹】滤镜

8.4.9 鲜明化滤镜组

【鲜明化】滤镜组可以为图像添加鲜明化效果，以突出和强化边缘。通过添加相邻像素的对比度来使模糊的图像变得清晰，单击【效果】→【鲜明化】菜单就会看到该滤镜组中的滤镜，CorelDRAW 2022 提供了 5 种鲜明化滤镜。

1. 适应非鲜明化滤镜

【适应非鲜明化】滤镜可以增强图像中对象边缘的颜色锐度，使对象的边缘颜色更加鲜艳，提高图像的清晰度。执行【效果】→【鲜明化】→【适应非鲜明化】命令，弹出【适应非鲜明化】对话框，通过调节百分比滑块，设置图像边缘的鲜明化程度，使图像更加清晰，如图 8-62 所示。

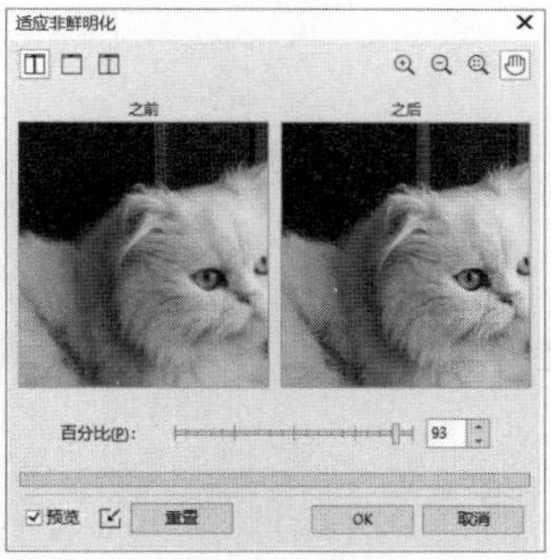

图 8-62 【适应非鲜明化】滤镜

2. 定向柔化滤镜

【定向柔化】滤镜可通过提高图像中相邻颜色的对比度，突出和强化边缘，使图像更清晰。

3. 高通滤波器滤镜

【高通滤波器】滤镜可以增加图像的颜色反差，准确地显示出图像的轮廓，产生的效果和浮雕效果有些相似。

4. 鲜明化滤镜

【鲜明化】滤镜通过增加图像中相邻像素的色度、亮度及对比度，使图像更加鲜明、清晰。

5. 非鲜明化遮罩滤镜

使用【非鲜明化遮罩】滤镜，可以增强图像的边缘细节，对模糊的区域进行锐化，从而使图像更加清晰。

课堂问答

在学习了本章的位图处理与滤镜特效后，还有哪些需要掌握的难点知识呢？下面将为读者讲解本章的疑难问题。

问题 1：若文件中有多个相同的图像，如何减小其文件大小？

答：导入时，单击【导入】后的下拉按钮▼，在下拉菜单中选择【导入为外部链接的图像】，导入后即使复制多个图像，文件所占空间也不会很大。但导入为外部链接的图像不能编辑位图，除非中断链接。

问题 2：CorelDRAW 中的滤镜只能用于位图吗？

答：老版本 CorelDRAW 中的滤镜的确只能用于位图，要在矢量图上使用必须先将其转为位图，但较新的版本中能在矢量图上直接使用滤镜。

上机实战——制作马赛克效果

为了让读者巩固本章知识点，下面讲解一个技能综合案例，使读者对本章的知识有更深入的了解。

效果展示

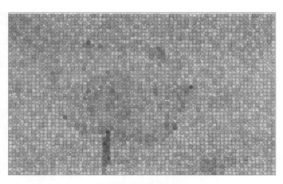

思路分析

本例制作一个马赛克效果，执行【效果】→【创造性】→【马赛克】命令，即可制作出马赛克效果。

制作步骤

步骤 01 按快捷键【Ctrl+I】，导入"素材文件\第 8 章\荷花.jpg"，如图 8-63 所示。

步骤 02 选中图片，执行【效果】→【创造性】→【马赛克】命令，打开【马赛克】对话框，参数设置如图 8-64 所示。单击【OK】按钮，得到如图 8-65 所示的效果。

图 8-63　导入素材

图 8-64　【马赛克】对话框

图 8-65　最终效果

⊕ 同步训练——设计风景邮票

为了增强读者的动手能力，下面安排一个同步训练案例，让读者达到举一反三、触类旁通的学习效果。

图解流程

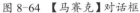

思路分析

本例制作一个风景邮票，先用【调和工具】制作齿孔，再用【框架】命令修饰照片，最后添加文字即可。

关键步骤

步骤 01　新建文件，绘制一个 50mm×30mm 的矩形，再按住【Ctrl】键绘制一个圆形，如图 8-66 所示。

步骤 02　复制一个圆形，用【调和工具】将两个圆形调和，如图 8-67 所示。

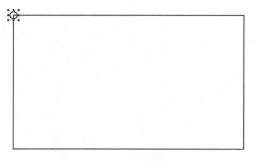
图 8-66　绘制矩形和圆形

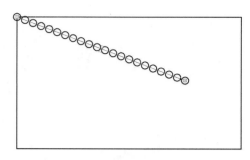
图 8-67　调和两个圆形

步骤 03　在属性栏中单击【路径属性】按钮，选择【新建路径】命令，出现 ↰ 时选择矩形，让调和的圆形适合路径，如图 8-68 所示。

步骤 04　在属性栏中将【调和对象】 改为 60，单击【更多调和选项】按钮，选择【沿全路径调和】命令，如图 8-69 所示。

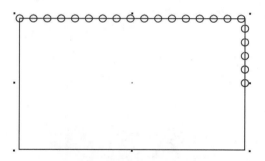
图 8-68　适合路径

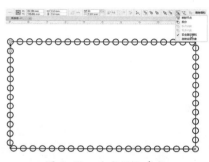
图 8-69　改变调和参数

步骤 05　按快捷键【Ctrl+K】拆分调和对象与路径，再用【选择工具】选择圆形，单击属性栏中的【取消组合所有对象】按钮解散所有组合。框选所有对象，然后按住【Shift】键减选矩形，如图 8-70 所示，单击属性栏中的【焊接】按钮，将所有圆形焊接起来。

步骤 06　框选矩形和圆形，单击【移除前面的对象】按钮，绘制出齿孔效果，如图 8-71 所示。

图 8-70　拆分调和，取消组合，焊接圆形

图 8-71　齿孔效果

步骤 07　按快捷键【Ctrl+I】导入"素材文件\第 8 章\狮子岩 .jpg"，按住【Shift】键拖曳定界框任一对角点将素材缩小，然后选择齿孔和素材，按快捷键【C】和【E】对齐，如图 8-72 所示。

步骤 08　按住【Alt】键并单击素材，执行【效果】→【创造性】→【框架】命令，在弹出的对话框里选择"square2.cpt"，如图 8-73 所示。

图 8-72　水平、垂直对齐

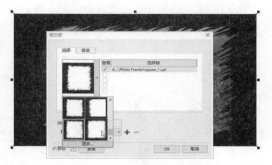

图 8-73　添加【框架】滤镜

步骤 09　单击【修改】选项卡，将【水平】改为 111，【颜色】改为白色，【不透明】改为 70，单击【OK】按钮，如图 8-74 所示。效果如图 8-75 所示。

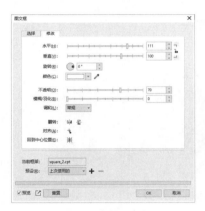

图 8-74　修改参数

图 8-75　【框架】滤镜效果

步骤 10　按【F8】键输入如图 8-76 所示的文字，文字均为黑体，大字字号为 6pt，小字字号为 3pt。

步骤 11　按【F10】键选择面值文字，框选后三个白点，向左拖曳减少间距，如图 8-77 所示。

图 8-76　输入文字

图 8-77　调整文字间距

步骤 12 用【形状工具】选择第一个白点，将"1"的字号改为10pt，如图8-78所示，再将其拖曳到顶对齐。

步骤 13 用【形状工具】选择"元"字前的白点，单击属性栏中的【上标】按钮 X^2，效果如图8-79所示。

图 8-78 调整"1"字

图 8-79 上标"元"字

步骤 14 将齿孔图填充为白色并按快捷键【Shift+PgDn】置于底层，如图8-80所示。

步骤 15 全选对象，按快捷键【Ctrl+G】组合对象，用【阴影工具】添加阴影，右击调色板最上方或状态栏左侧的【无色】图标去除轮廓色，最终效果如图8-81所示。

图 8-80 填充白色

图 8-81 最终效果

知识能力测试

本章讲解了如何在CorelDRAW 2022中处理位图，为对知识进行巩固和考核，下面布置相应的练习题。

一、填空题

1. 放射式模糊滤镜创建的是一种从_____位置向_____辐射的模糊效果，距离中心位置越远，模糊效果越_____。

2. 调色板模式又叫_____模式，这种模式最多只能有_____种颜色。

3. 图像调整的三大内容是_____、_____和_____。

4. RGB模式的取值范围是_____，CMYK模式的取值范围是_____。

二、选择题

1. 以下效果中（　　）是CorelDRAW 2022滤镜中没有的功能。

A. 晶体化　　　　　　B. 卷页　　　　　　C. 天气　　　　　　D. 旋涡

2. 使用（　　）滤镜可以得到简单的线条图形。

A. 查找边缘　　　　　B. 鲜明化　　　　　C. 最大值　　　　　D. 最小值

3. 卷页滤镜在（　　）滤镜组里。

A. 三维效果　　　　　B. 扭曲　　　　　　C. 创造性　　　　　D. 底纹

4. 要制作涟漪效果，可以用（　　）滤镜。

A. 涡流　　　　　　　B. 锯齿形　　　　　C. 带通滤波器　　　D. 旋涡

5. 以下属于调整单色的命令是（　　）。

A. 颜色平衡　　　　　B. 替换颜色　　　　C. 所选颜色　　　　D. 自动调整

三、简答题

1. 在CorelDRAW 2022中，如何将矢量图转为位图，如何将位图转为矢量图？

2. 在CorelDRAW中要给图片加边框，应执行什么命令？

CorelDRAW 2022

第9章
设计图形的打印与印刷

在CorelDRAW 2022 中设计定稿后，可以打印输出作品。本章将介绍打印机类型、打印介质、打印方法、印刷和纸张、分色打印、打印前的准备工作、打印前的拼版等实用知识。

学习目标

- 了解打印机的类型
- 熟悉打印介质类型
- 掌握打印的方法
- 了解印刷的方法

9.1 打印机的类型

从打印机原理上来说，市面上较常见的打印机可分为喷墨打印机和激光打印机。

9.1.1 喷墨打印机

喷墨打印机又称"墨仓式打印机"，是市面上较常见、使用率较高的一种打印机，主要是用墨滴喷射技术将墨水喷射到打印介质上，从而形成影像。其打印分辨率很高，有一定的色彩锐度，当选用合适的墨水、纸张和打印参数时，它的打印质量非常好。它的优点是体积小、操作简单方便、打印噪声低，使用专用纸张时可以打印出和照片相同效果的图片。

9.1.2 激光打印机

激光打印机是使碳粉附着在纸上而成像的一种打印机，其工作原理是将由计算机传来的二进制数据信息通过视频控制器转换成视频信号，然后由激光扫描系统产生载有字符信息的激光束，最后由电子照相系统使激光束成像并转印到纸上。因为碳粉属于固体，而激光束有不受环境影响的特性，所以激光打印机可以长年保持印刷效果清晰、细致，在任何纸张上打印都可得到很好的效果。激光打印机比喷墨打印机打印速度快、打印品质好、工作噪声小，但是性价比不及后者。

9.2 打印介质类型

不同的打印机需要选择不同的打印介质才能得到好的打印效果。同一种打印机可以选择多种打印介质。下面将介绍常用的打印介质。

9.2.1 喷墨打印机打印介质

喷墨打印机打印介质有普通打印纸、高光喷墨打印纸、光面相片纸、光泽打印纸、信纸等。近几年随着小型彩色喷墨打印机和数码相机进入家庭，彩色喷墨打印纸也随之诞生。

彩色喷墨打印纸是吸墨速度快、墨滴不扩散。彩色喷墨打印纸与一般纸张有很大的区别，彩色喷墨印刷通常使用水性油墨，而一般纸张接收到水性油墨后会迅速吸收扩散，无论是色彩还是清晰度都达不到印刷要求。彩色喷墨打印纸是将纸张深加工的产物，将普通印刷纸张表面进行特殊涂布处理，使之既能吸收水性油墨，又能使墨滴不向周边扩散，从而完整地保留原有的色彩和清晰度。

常用彩色喷墨打印纸的种类如下。

1. 高光喷墨打印纸

高光喷墨打印纸支持体为RC（涂塑纸）纸基，有较高分辨率，使用这种纸打印的图像清晰亮丽、光泽好，在室内陈列时有良好耐光性和色牢度，适用于色彩鲜明、有照片效果的图像输出。

2. 亚光喷墨打印纸

亚光喷墨打印纸支持体为RC（涂塑纸）纸基，有中等光泽，分辨率较高，色彩鲜艳饱满，有良好耐光性，适用于有照片效果的图像输出。

3. PVC 喷墨打印纸

PVC喷墨打印纸的支持体为塑料薄膜和纸的复合制品，使用它输出的图像质量高，机械强度好，吸墨性好，有很好的室内耐光性，适用于有照片效果的图像输出。

4. 高亮光喷墨打印纸

高亮光喷墨打印纸支持体为厚纸基，有照片一样的光泽，纸的白度极高，有良好的吸墨性。使用它输出的图像层次丰富、色彩饱满，特别适用于照片影像输出和广告展示板制作。

9.2.2　激光打印机打印介质

激光打印机打印介质有普通打印纸、光面相片纸、透明不干胶贴纸、纤维纸等。

1. 普通打印纸

最简单、最常见的打印介质，即我们平时打印各类文本文件用的打印纸。

2. 光面相片纸

光面相片纸主要用于打印彩色图片，用于制作贺卡也十分合适。打印时选择有光泽、比较白的一面打印，效果会更好。

3. 透明不干胶贴纸

这种不干胶贴纸的图案打印在贴面上，不会因为时间或摩擦等外因而褪色、掉色，适合贴在经常拿放的铅笔盒、光盘盒等物品上。

4. 纤维纸

纤维纸是一种纯棉织品，可以在上面进行刺绣。在打印机上打印出刺绣的小样后，就可以根据小样进行刺绣了。

5. 立体不干胶贴纸

立体不干胶贴纸常贴在玻璃器皿等透明的物体上。在经过熨斗的熨烫以后，可以呈现出特殊的立体效果。如果通过装满水的透明器皿观看，会看到一种滑稽有趣的效果。

9.3 如何打印

要成功地打印作品，需要对打印选项进行设置，以得到更好的打印效果。用户可以选择按标准模式打印，也可以指定文件中的某种颜色进行分色打印，还可以将文件打印为黑白或单色。

CorelDRAW中提供了详细的打印选项，通过设置打印选项，能够即时预览打印效果，以提高打印的准确性。

步骤01 执行【文件】→【打印】命令（快捷键【Ctrl+P】），将打开如图9-1所示的对话框，该对话框中显示了有关打印机的一些信息，如名称、状态、位置等，可以设置需要打印的范围、份数。

步骤02 选择当前打印机，单击其后的【文档属性】按钮✿，将打开如图9-2所示的文档属性对话框，在此对话框中可对打印的方向、页序、每张纸打印的页数进行设置。单击对话框中的【纸张/质量】选项卡，将打开如图9-3所示的界面，在此界面中可以设置纸张来源和颜色。

图9-1 【打印】对话框

图9-2 【文档属性】对话框

图9-3 【纸张/质量】选项卡

步骤03 设置好打印的相关参数后，单击对话框中的【确定】按钮即可开始打印。

9.4 印刷

要使利用CorelDRAW设计出的作品有更好的印刷效果，设计人员还需要了解相关的印刷知识，这些知识对于文稿设计过程中版面的安排、颜色的应用和后期的制作等有很大的帮助。

印刷是一种相对更复杂的输出方式，需要先制版才能交付印刷。要得到准确无误的印刷效果，在印刷前需要了解与印刷相关的基本知识和印刷技术。

印刷分为平版印刷、凹版印刷、凸版印刷和丝网印刷 4 种不同的类型，根据印刷类型的不同，分色出片的要求也不同。

9.4.1 什么是印刷、印张、开本、菲林

印刷是指利用印版、印刷设备、油墨等介质将原稿上的可视信息转移到承印物上的过程。它是广告设计、海报设计、包装设计等作品的主要输出方式。

印张即印刷用纸的计量单位。一全张纸有正、反两个印刷面。一全张纸的一个印刷面为一印张，两面印刷后就是两个印张。

一张全开的纸能裁切出来多少相等的张数，就是多少开，如16开就是全开纸裁切出相等的16张，对开就是全开纸对折 1 次，对折 5 次为 32 开。当然不同规格的全开纸张开本尺寸也不同。

常规的全开正度：787mm×1092mm，大度：889mm×1194mm。

菲林是"胶片"（film）的音译，类似于一张相应颜色色阶关系的黑白底片。不管是在青、品红还是黄通道中制成的菲林，都是黑白的。将青、品红、黄、黑四种颜色按一定的色序先后印刷出来，就得到了彩色的画面。

9.4.2 印刷纸张的基本知识

1. 纸的单位

（1）克：一平方米纸的重量，一般以克为单位。常用的纸有 28 克打字纸、45 克新闻纸、55 克书写纸，胶版纸通常选用 60 克、70 克、80 克、100 克、120 克、140 克的，铜版纸通常选用 105 克、157 克、200 克、250 克、300 克的。

（2）令：500 张全开纸为 1 令。

（3）吨：1 吨=1000 公斤，用于计算纸价。

2. 纸张的尺寸

印刷纸张的尺寸规格分为平版纸和卷筒纸两种。

平版纸的幅面尺寸有：800mm×1230mm、850mm×1168mm、787mm×1092mm、841mm×1189mm。纸张幅面允许的偏差为±3mm。符合上述尺寸规格的纸张均为全张纸或全开纸。其中

841mm×1189mm 是 A 系列的国际标准尺寸。

卷筒纸的长度一般为一卷 6000m，宽度有 1575mm、1562mm、880mm、850mm、1092mm、787mm 等。卷筒纸宽度允许的偏差为±3mm。

3. 印刷常用纸张

（1）铜版纸

铜版纸又称涂布纸（Coated Paper），是在原纸上涂布一层白色浆料，经过压光制成的。这种纸张表面光滑，白度较高，厚薄一致，纸质纤维分布均匀，有较好的弹性、较强的抗水性能和抗张性能，对油墨的吸收性与接收性很好。主要用于印刷画册、明信片、封面、精美的产品样本及彩色商标等。铜版纸有单、双面两类，双铜用于印刷高档印刷品，单铜用于印刷纸盒、纸箱、手提袋、药盒等。

（2）新闻纸

新闻纸也叫白报纸，是报刊及书籍的主要用纸，适用于印刷报纸、课本、期刊、连环画等。新闻纸纸质松轻，有较好的弹性，吸墨性能好，纸张经过压光后两面平滑，不起毛，有一定的机械强度，不透明性能好。它的缺点是不宜长期存放，保存时间过长，纸张会发黄、变脆；抗水性能差，不宜书写。

（3）胶版纸

胶版纸主要供平版印刷机和其他印刷机印制较高级彩色印刷品时使用，如彩色画报、画册、宣传画、彩印商标及一些高级书籍封面、插图等。胶版纸按纸浆料的配比分为特号、1 号和 2 号三种，有单面和双面之分，还有超级压光与普通压光两个等级。胶版纸具有伸缩性小、对油墨吸收均匀、平滑度好、白度好、抗水性能强的特点。

（4）牛皮纸

牛皮纸具有很高的拉力，分为单光、条纹、双光、无纹等，主要用于包装纸、信封、档案袋和印刷机滚筒包衬等。

（5）凸版纸

凸版纸主要供凸版印刷使用。它的特性与新闻纸相似，但又不完全相同。它的吸墨性虽不如新闻纸好，但它具有吸墨均匀的特点；抗水性能及纸张的白度均好于新闻纸。它的纸质均匀、略有弹性、不起毛、不透明，有一定的机械强度等特性。

凸版纸适合作为重要著作、科技图书、学术刊物、大中专教材等正文用纸，按纸张用料成分配比的不同，可分为 1 号、2 号、3 号和 4 号四个级别。号数越大，纸质越差。

（6）白板纸

白板纸主要用于印刷包装盒和商品装潢衬纸。在书籍装订中，用于简精装书的里封和精装书中的脊条等。白板纸按纸面分为粉面白版与普通白版两大类；按底层分为灰底与白底两种。白板纸具有伸缩性小、有韧性、折叠时不易断裂的特点。

课堂范例——印刷前的准备工作

在印刷图像前，需要做的准备工作如下。

（1）确认图像精度为 300dpi 以上。

（2）确认图像颜色模式为 CMYK 模式。

（3）图像上的文字说明最好不要在 Photoshop 内完成。

（4）确认实底（如纯黄色、纯黑色等）无其他杂色。

（5）根据开本，设计合适的页数，便于装订及节省用纸。

（6）印刷时纸张不能用尽，要留出血边。如果纸张用尽，出血位置的油墨会堆积在橡皮布或压力圆筒上，造成污染。

（7）在设计时应注意颜色的分配，尽量将颜色少的页面安排在同一版上。

课堂问答

在学习了本章图形的打印与印刷知识后，还有哪些需要掌握的难点知识呢？下面将为读者讲解本章的疑难问题。

问题 1：打印前为什么要拼版？

答：拼版可以将不同客户的相同纸张、克重、色数、印量的印件组合成一个大版，充分利用胶印机有效印刷面积，形成批量和规模印刷的优势，共同分摊印刷成本，达到节约制版和印刷费用的目的。

问题 2：设计作品需要做出血设置吗？

答：印刷中的出血是指加大产品外尺寸的图案，在裁切位做一些图案的延伸，以避免裁切后的成品露出白边或裁切掉内容。作品在制作的时候分为设计尺寸和成品尺寸，设计尺寸应比成品尺寸大，多出来的部分是要在印刷后裁切掉的，这个要印出来并裁切掉的部分就称为出血或出血位。不同印刷品的出血尺寸不同，一般为 3mm。

问题 3：在显示器上看到的颜色就是打印出来的颜色吗？

答：在日常生活中，经常会遇到在显示器上看到的颜色与打印出来的颜色不一致的问题，不同显示器显示同一图像时颜色也有所不同。打印的颜色应以色卡为准。

上机实战——创建分色打印

为了让读者巩固本章知识点，下面讲解一个技能综合案例，使读者对本章的知识有更深入的了解。

效果展示

思路分析

本例介绍创建分色打印的方法，执行【文件】→【打印】命令，选择打印机和输出颜色类型，在预览窗口中单击【启用分色】按钮即可。

制作步骤

步骤 01 执行【文件】→【打印】命令，打开【打印】对话框，在【常规】选项卡的【打印机】中选择 "Adobe PDF"；单击【颜色】选项卡，选择【输出颜色】为 "CMYK"，如图 9-4 所示。

步骤 02 单击左下角的【打印预览】按钮，进入打印预览状态。单击属性栏中的【启用分色】按钮，可以看到预览窗口的下方出现了 4 个页面标签，如图 9-5 所示。

图 9-4 【打印】对话框

图 9-5 分色打印预览

步骤 03   青色、品红、黄色、黑色四色分色效果如图 9-6 所示。按快捷键【Ctrl+P】即可打印出四张分色图，按快捷键【Ctrl+T】则可以打印当前工作表。

图 9-6   四色分色效果

⊕ 同步训练——名片打印前的拼版

为了增强读者的动手能力，下面安排一个同步训练案例，让读者达到举一反三、触类旁通的学习效果。

图解流程

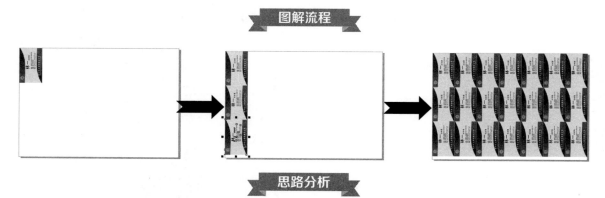

思路分析

本例介绍名片打印前的拼版，首先规划纸张大小和拼版方式，让纸张浪费最少，再将名片与页面左对齐，在【变换】泊坞窗中进行精确的位移设置即可，案例中拼版名片的尺寸是出血 3mm 后的尺寸。

关键步骤

步骤 01   打开"素材文件\第 9 章\名片 .cdr"，按快捷键【Ctrl+C】复制名片，新建一个横向 A3 文件，单击页面控制栏上的＋插入页 2，然后按快捷键【Ctrl+V】粘贴，如图 9-7 所示。

步骤 02   选择名片，在属性栏中的【旋转角度】文本框中输入角度为 90，按【Enter】键确认，旋转名片，如图 9-8 所示。

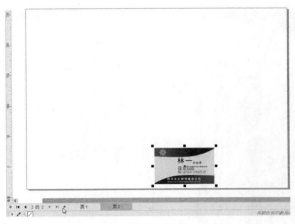

图 9-7　插入页 2 并粘贴名片

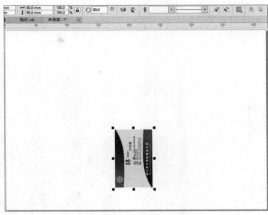

图 9-8　旋转名片

步骤 03　执行【对象】→【对齐与分布】→【对齐与分布】命令，打开【对齐与分布】泊坞窗，单击【页面边缘】按钮⊞，单击【左对齐】按钮▤和【顶端对齐】按钮▥，如图 9-9 所示。

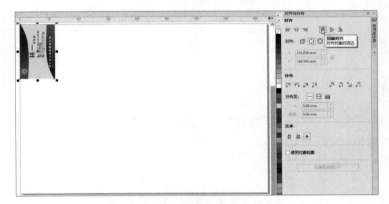

图 9-9　将名片与页面左上角对齐

步骤 04　按快捷键【Alt+F7】打开【变换】泊坞窗，切换到【位置】面板，设置垂直距离为 -98mm，【副本】为 2，单击【应用】按钮复制 2 张名片，如图 9-10 所示。

图 9-10　复制 2 张名片

步骤 05 框选 3 张名片，在对话框中设置水平距离为 60mm，【副本】为 6，单击【应用】按钮，效果如图 9-11 所示。

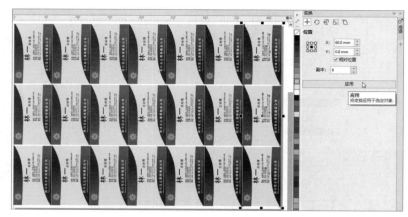

图 9-11 复制 6 列名片

温馨提示

用相同的方法对名片背面进行排版即可。

🍃 知识能力测试

本章介绍了 CorelDRAW 2022 中设计图形的正确打印设置及印刷等相关知识，为对知识进行巩固和考核，下面布置相应的练习题。

一、填空题

1. _____ 张全开纸为 1 令。

2. 印刷纸张的尺寸规格分为 _____ 纸和 _____ 纸。

3. 铜版纸又称 _____ 。

4. 打印、印刷的分辨率最好在 _____ 以上。

二、选择题

1. 出血的尺寸一般设置为（   ）。

A. 1mm B. 2mm C. 3mm D. 4mm

2. 用来表示纸张厚度的单位是（   ）。

A. 毫米 B. 克 C. 令 D. 刀

3. 正度全张纸尺寸为（   ）。

A. 780mm×1080mm B. 787mm×1092mm C. 889mm×1194mm D. 880mm×1180mm

4. "菲林"是指（   ）。

A. 胶片 B. 印版 C. 特种纸 D. 一种油墨

三、简答题

1. 常见的打印机有哪些，分别有什么优缺点？

2. 如何在软件中设置打印的份数？

CorelDRAW 2022

第10章
商业案例实训

　　学习了 CorelDRAW 2022 中各种工具命令的使用后，本章将制作一些综合实例，包括宣传单设计、海报设计、彩色户型图绘制、零食包装设计、饮料包装设计等，让读者在实际操作中得到进一步的提高，最后能举一反三。

学习目标

- 熟悉宣传单的设计方法
- 熟悉海报的设计方法
- 掌握准确、快速绘制彩色户型图的技巧
- 熟悉袋类食品包装的设计方法
- 熟悉饮料包装的设计方法

10.1 培训机构宣传单设计

效果展示

思路分析

本例制作的宣传单目标受众是小孩及家长，所以用色宜鲜艳活泼，采用拟人化或卡通形象的图案，字体也基于趣味化的调性进行设计。宣传单大致分为远景、中景、近景三个层次，背景用填充不同色彩的圆形做出纵深感；中景用勾填法、模糊滤镜、透明工具、变形工具等绘制植物，再加上五官将其拟人化，用钢笔工具绘制树丛；近景则是将培训环境的照片用 PowerClip 命令放入钢笔绘制的云彩图形里，再用标注形状、文本工具、块阴影、轮廓等命令绘制机构名称和广告词。最后添加其他文字，导入 Logo，调整大小放到左上角即可。

制作步骤

步骤01 双击工具箱中的【矩形工具】□，绘制一个与页面等大的矩形，填充为白色，去除轮廓色，如图 10-1 所示。按【F7】键，绘制几个圆，填充为不同深浅的红色，如图 10-2 所示。再绘制几个圆，填充为不同深浅的黄色，如图 10-3 所示。

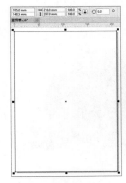

图 10-1 绘制矩形

图 10-2 绘制红色圆

图 10-3 绘制黄色圆

步骤 02 　按【F7】键，绘制几个圆，填充为不同深浅的紫色，如图 10-4 所示。再绘制几个圆，填充为不同深浅的蓝色，如图 10-5 所示。

步骤 03 　按【F7】键，绘制两个圆，填充为浅蓝色，并按快捷键【Ctrl+L】合并，如图 10-6 所示，然后按【+】键原地复制一个图形。选择工具箱中的【透明工具】🔳，单击属性栏中的【渐变透明度】按钮🔳，得到如图 10-7 所示的透明效果。再在下面绘制几个小圆。

图 10-4　绘制紫色圆

图 10-5　绘制蓝色圆

图 10-6　绘制浅蓝色圆

步骤 04 　框选绘制好的圆，按快捷键【Ctrl+G】将它们组合，如图 10-8 所示。选中组合图形，按住鼠标右键拖曳到矩形中，当鼠标指针变为⊕形状时释放鼠标，在弹出的快捷菜单中选择【PowerClip 内部】命令，得到如图 10-9 所示的效果。

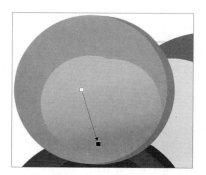
图 10-7　透明效果

图 10-8　组合图形

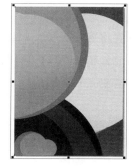
图 10-9　PowerClip 内部

步骤 05 　用椭圆形、钢笔等工具绘制云朵图形，填充图形颜色为黑色，如图 10-10 所示。复制一个云朵图形，将其移动错位，设置轮廓颜色为蓝色，轮廓宽度为 2mm，如图 10-11 所示。

图 10-10　绘制云朵图形

图 10-11　复制云朵图形

步骤 06　按快捷键【Ctrl+I】，导入"素材文件\第 10 章\培训机构 .jpg"，如图 10-12 所示。

步骤 07　选中素材，按住鼠标右键拖曳到前面的云朵图形中，当鼠标指针变为⊕形状时释放鼠标，在弹出的快捷菜单中选择【PowerClip 内部】命令，得到如图 10-13 所示的效果。

图 10-12　导入素材

图 10-13　PowerClip 内部

步骤 08　选择工具箱中的【透明工具】▦，单击属性栏中的【均匀透明度】按钮▣，去除轮廓色，得到如图 10-14 所示的透明效果。

步骤 09　选择工具箱中的【3 点曲线】工具▵，在云朵图形的右下方绘制两条曲线。曲线颜色为蓝色，轮廓宽度为 2mm，如图 10-15 所示。

图 10-14　均匀透明度

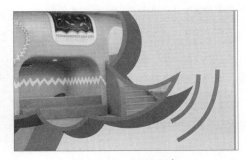

图 10-15　绘制曲线

步骤 10　选择工具箱中的【钢笔工具】▱，绘制树丛图形，填充为浅绿色，如图 10-16 所示。复制一个树丛图形，调整图形的大小，填充为酒绿色，如图 10-17 所示。

图 10-16　绘制树丛形状

图 10-17　复制树丛图形

步骤 11　从复制的树丛图形中再复制出一个树丛图形，调整图形的大小，填充为绿色，如图 10-18 所示。再复制两组树丛图形，调整图形大小，如图 10-19 所示。

图 10-18　复制树丛图形

图 10-19　复制并调整图形大小

步骤 12　选择工具箱中的【钢笔工具】🖋️，绘制叶子图形。为其应用线性渐变填充，颜色为绿色到深绿色的渐变。改变图形轮廓颜色为深绿色，轮廓宽度为 0.3mm，如图 10-20 所示。选择工具箱中的【钢笔工具】🖋️，绘制叶脉图形，填充图形颜色为深绿色，如图 10-21 所示。

图 10-20　绘制叶子图形

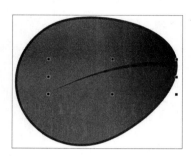

图 10-21　绘制叶脉图形

步骤 13　选择工具箱中的【钢笔工具】🖋️，绘制曲线。改变曲线颜色为白色，如图 10-22 所示。

步骤 14　执行【位图】→【转换为位图】命令，打开【转换为位图】对话框。选择颜色模式为 CMYK 色（32 位），设置【分辨率】为 300dpi，勾选【光滑处理】【透明背景】复选框，如图 10-23 所示，单击【OK】按钮即可。

步骤 15　执行【效果】→【模糊】→【高斯式模糊】命令，打开【高斯式模糊】对话框，设置半径为 10 像素，单击【OK】按钮，图形被模糊，如图 10-24 所示。

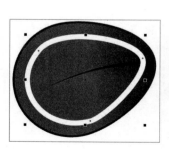

图 10-22　绘制曲线

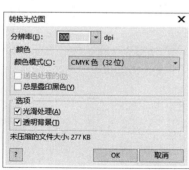

图 10-23　【转换为位图】对话框

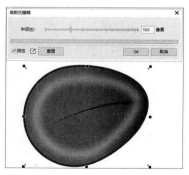

图 10-24　高斯式模糊效果

温馨提示

如果不勾选【透明背景】复选框，转换后的位图将自动生成一个与图形大小相同的矩形背景。

步骤 16　选择工具箱中的【透明工具】▨，单击属性栏中的【渐变透明度】按钮🔲，得到如图 10-25 所示的透明效果。

步骤 17 在调色板中选中白色色块，按住鼠标左键，将色块拖曳到渐变轴上，当鼠标指针显示为色块符号且出现"+"号时，释放鼠标，添加色块，如图 10-26 所示。

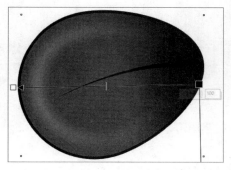

图 10-25 透明效果

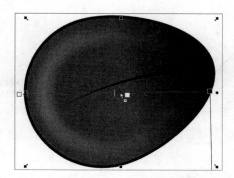

图 10-26 将色块拖曳到渐变轴上添加色块

温馨提示 除了通过拖曳的方法，直接在渐变轴上双击也可以添加色块。

步骤 18 选中渐变轴最左边的色块，在属性栏中设置色块【透明中心点】为 73，如图 10-27 所示。

步骤 19 切换到【选择工具】，框选绘制的叶子图形，按快捷键【Ctrl+G】将它们组合。复制两个组合图形，并旋转它们的角度，如图 10-28 所示。

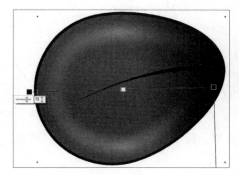

图 10-27 设置透明中心点

图 10-28 复制并旋转图形

步骤 20 按【F7】键绘制一个椭圆，填充为绿色到白色的椭圆形渐变，改变椭圆轮廓颜色为深绿色，轮廓宽度为 0.2mm，如图 10-29 所示。

步骤 21 再按【F7】键，绘制两个椭圆作为眼睛，填充颜色为深绿色，选择工具箱中的【钢笔工具】，绘制嘴，曲线颜色为深绿色，轮廓宽度为 0.2mm，如图 10-30 所示。

步骤 22 选择工具箱中的【钢笔工具】，绘制脖子图形。填充图形颜色为绿色，轮廓颜色为深绿色，轮廓宽度为 0.2mm，如图 10-31 所示。

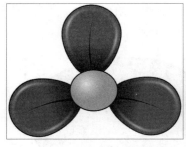
图 10-29　绘制一个椭圆并填充

图 10-30　绘制眼睛和嘴

图 10-31　绘制脖子

步骤 23　选择工具箱中的【钢笔工具】，绘制花茎图形，填充图形颜色为绿色，轮廓颜色为深绿色，轮廓宽度为 0.2mm，如图 10-32 所示。

步骤 24　选择工具箱中的【选择工具】，框选绘制的所有叶子图形，按【F12】键，打开【轮廓笔】对话框，勾选【随对象缩放】复选框，如图 10-33 所示，单击【OK】按钮。再按快捷键【Ctrl+G】将它们组合。

步骤 25　按【F7】键，按住【Ctrl】键绘制一个圆，按快捷键【Ctrl+Q】，将圆转换为曲线。按【F10】键，显示圆的四个节点，如图 10-34 所示。

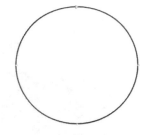

图 10-32　绘制花茎　　　　　图 10-33　【轮廓笔】对话框　　　　　图 10-34　显示圆的四个节点

步骤 26　全选节点，按小键盘上的【+】键，或者单击属性栏中的【添加节点】按钮，即可在四段曲线中间添加节点，如图 10-35 所示。

步骤 27　选择工具箱中的【变形工具】，再单击属性栏中的【推拉变形】按钮。选中圆形，按住鼠标左键从圆心向左拖曳鼠标，拖曳出所需形状时释放鼠标，得到如图 10-36 所示的效果。右击调色板中的深绿色添加轮廓颜色。

步骤 28　按【F7】键，绘制一个圆，填充圆的颜色为黄色，轮廓颜色为橘色，如图 10-38 所示。按【F7】键，绘制眼睛，填充眼睛颜色为深绿色，高光颜色为白色，如图 10-39 所示。

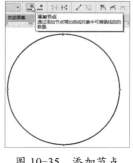

图 10-35　添加节点　　　　　图 10-36　变形效果

拖曳变形时离中心越远，图形形状变化越大。向右拖曳鼠标时，得到的图形是向内凹的，如图10-37所示。

图10-37 向内凹的变形效果

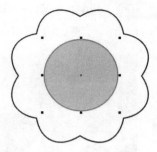

图10-38 绘制一个圆

步骤29 选择工具箱中的【钢笔工具】 ，绘制眉毛并填充深绿色，绘制嘴并填充棕色，如图10-40所示。选择工具箱中的【钢笔工具】 ，绘制叶子，填充叶子的颜色为绿色，轮廓颜色为深绿色，如图10-41所示。

图10-39 绘制眼睛

图10-40 绘制眉毛和嘴

图10-41 绘制叶子

步骤30 按【F6】键，绘制一个矩形，填充颜色为绿色，轮廓颜色为深绿色，再绘制一个白色矩形，拖曳到嘴中作为牙齿，如图10-42所示。

步骤31 同时选中绿色矩形和叶子，按快捷键【Shift+PgDn】，将它们的图层顺序调整到最下层，框选植物的所有图形，按快捷键【Ctrl+G】将它们组合。将绘制好的植物放到树丛中，如图10-43所示。

图10-42 绘制矩形

图10-43 放置植物

步骤 32 选中植物图形，执行【对象】→【顺序】→【置于此对象后】命令，单击下面的树丛，如图 10-44 所示，调整图层顺序，如图 10-45 所示。

图 10-44 单击树丛

图 10-45 调整图层顺序

步骤 33 选择工具箱中的【常见形状工具】、在属性栏【标注形状】中选择第二个形状，如图 10-46 所示。在工作区中拖曳鼠标，绘制如图 10-47 所示的标注形状。然后切换到【形状工具】，拖曳左下方的红色锚点到如图 10-48 所示的位置。

图 10-46 选择标注形状

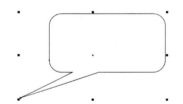

图 10-47 绘制标注形状

图 10-48 调整标注形状

步骤 34 保持对象的选中状态，再次单击对象，显示形状的状态为可倾斜的状态，将鼠标指针放在形状右侧的控制点上，按住鼠标左键向上拖曳形状到一定位置后释放鼠标，如图 10-49 所示。

步骤 35 填充形状为白色，轮廓色为橘红色，切换到【块阴影工具】，向右下方拖曳出一个块阴影，如图 10-50 所示。

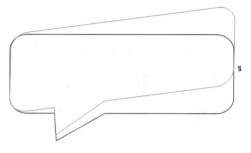

图 10-49 倾斜形状

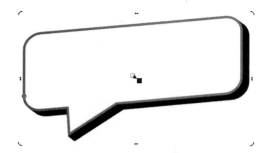

图 10-50 绘制块阴影

步骤 36 选择工具箱中的【轮廓图工具】向内拖曳，在属性栏中设置【轮廓图步长】为 1，【轮廓图偏移】为 1mm，单击【轮廓色】后面的颜色图标，在打开的颜色面板中选择灰色，如

图 10-51 所示。

步骤 37　按【F8】键，分别输入两行文字，字体为方正综艺简体，颜色为浅蓝色，如图 10-52 所示。

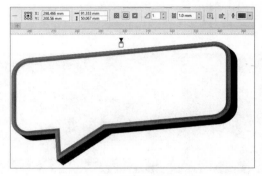

图 10-51　设置轮廓图属性

图 10-52　输入两行文字

步骤 38　用【形状工具】选择第二行文字，拖曳右下角拉杆加大字间距，如图 10-53 所示，再适当移动。按住【Shift】键，同时选中两行文字，按【F12】键，打开【轮廓笔】对话框，在对话框中设置轮廓色为蓝绿色，选项【角】为圆角，勾选【填充之后】复选框，如图 10-54 所示，单击【OK】按钮。

图 10-53　调整字间距

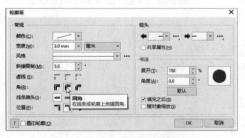

图 10-54　【轮廓笔】对话框

步骤 39　保持文字的选中状态，再次单击文字，显示文字的状态为可倾斜的状态，先倾斜文字再移动文字，如图 10-55 所示。将阴影和文字颜色减淡，将标注形状和文字组合后放到宣传单中，如图 10-56 所示。

图 10-55　倾斜文字

图 10-56　放置文字

步骤 40 选中组合图形，执行【对象】→【顺序】→【置于此对象后】命令，单击下面的树丛，效果如图 10-57 所示。

步骤 41 按【F6】键绘制一个矩形，填充矩形颜色为浅蓝色，按快捷键【Alt+Z】打开贴齐对象，捕捉对象左下节点，拖曳到右下节点后右击，如图 10-58 所示，即可复制矩形。

图 10-57 调整顺序

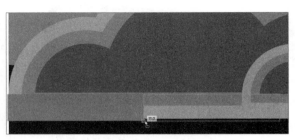

图 10-58 复制矩形

步骤 42 按快捷键【Ctrl+R】三次复制三个矩形，拖曳最后一个矩形的右中定界点到页边框。依次改变复制的矩形的颜色为粉色、土黄色、洋红色和绿色，如图 10-59 所示。

图 10-59 复制并改变矩形颜色

步骤 43 按【F5】键绘制一条直线，在属性栏中设置为虚线描边，颜色为白色，粗细为0.5mm，如图 10-60 所示。再将虚线向下复制一条。

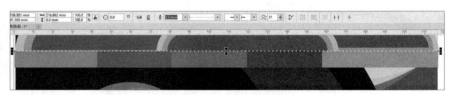

图 10-60 绘制虚线

步骤 44 按【F8】键，在矩形上分别输入文字，字体为黑体，颜色为白色，如图 10-61 所示。

图 10-61 输入文字

步骤 45 按住【Shift】键，同时选中蓝色矩形和它上面的文字，按【C】键和【E】键，将矩形和文字居中对齐。用相同的方法分别对齐其余四组矩形和文字，如图 10-62 所示。

图 10-62 对齐矩形和文字

步骤 46　按【F8】键在宣传单右下角输入电话号码，如图 10-63 所示。按快捷键【Ctrl+I】，导入"素材文件\第 10 章\培训机构标志.cdr"，将 Logo 放在宣传单的左上方，如图 10-64 所示。宣传单绘制完毕。

图 10-63　输入电话号码

图 10-64　放置 Logo

10.2　冰饮海报设计

效果展示

思路分析

本海报可分为背景和主题图文两部分。背景主要用网状填充工具进行编辑填充，再绘制一些圆形作为装饰。主题图文则是先导入素材图片，然后创建文字并调整字体、大小、位置、颜色，再用立体化工具创建三维效果，调整立体效果的色彩、深度及消失点位置即可。

制作步骤

步骤 01 选择工具箱中的【矩形工具】□，填充矩形为浅黄色，如图 10-65 所示。按快捷键【M】切换到【网状填充工具】⫯，在属性栏中设置网格的行数为 4，列数为 5，显示如图 10-66 所示的网格。

图 10-65　绘制矩形　　　　　　　　　　　　　图 10-66　显示网格

步骤 02 用【形状工具】选择网点，移动到如图 10-67 所示的位置。

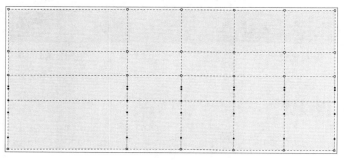

图 10-67　调整网点位置

步骤 03 执行【窗口】→【泊坞窗】→【颜色】命令打开【颜色】泊坞窗，选择左下网点，单击【填充】按钮，填充颜色，如图 10-68 所示。

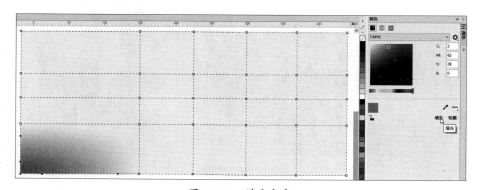

图 10-68　填充颜色

步骤 04 再在【颜色】泊坞窗中设置颜色为橘色，选择最下行第 2 个网点单击【填充】按钮，填充颜色，如图 10-69 所示。选中如图 10-70 所示的网点，单击调色板中的黄色，填充黄色。

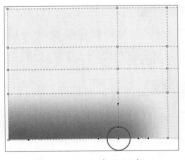

图 10-69　填充颜色

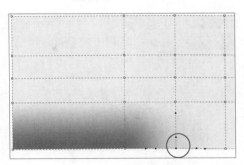

图 10-70　填充颜色

步骤 05　选中如图 10-71 所示的网点，填充月光绿色。选中如图 10-72 所示的网点，填充天蓝色。

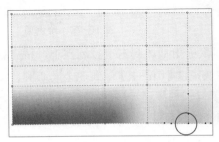

图 10-71　填充颜色

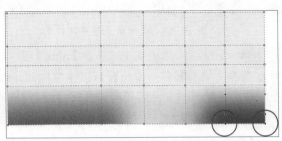

图 10-72　填充颜色

步骤 06　移动第 3 行网格线中网点的位置，并拖曳网点的控制手柄，调整网格线形状，如图 10-73 所示。选中如图 10-74 所示的两个网点，填充幼蓝色。

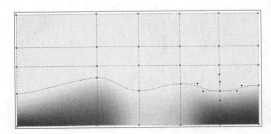

图 10-73　调整网格线形状

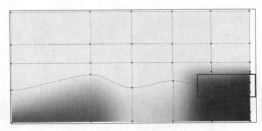

图 10-74　选中两个网点填充幼蓝色

步骤 07　选中如图 10-75 所示的两个网点，填充粉色。选中最上行的网点，填充粉色，如图 10-76 所示。

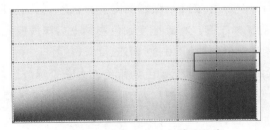

图 10-75　选中两个网点填充粉色

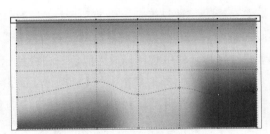

图 10-76　填充粉色

步骤 08 选中如图 10-77 所示的网点，填充网点颜色为沙黄色。

步骤 09 选择工具箱中的【椭圆形工具】○，绘制一个圆，改变其轮廓宽度为 6mm，轮廓色为白色，如图 10-78 所示。然后按【F12】键，在对话框中勾选【随图像缩放】复选框。

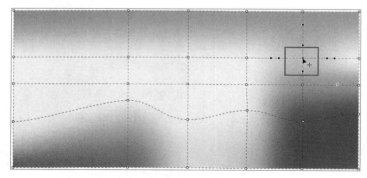

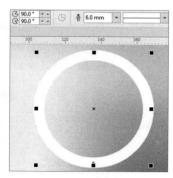

图 10-77　选中网点填充沙黄色　　　　　　　　　图 10-78　绘制圆

步骤 10 保持圆的选中状态，按住【Shift】键，将鼠标指针放到右上控制点上，按住鼠标左键，向内拖曳等比缩小圆到一定位置后右击复制圆，按快捷键【Ctrl+R】得到多个同心圆，得到如图 10-79 所示的效果。

步骤 11 选中同心圆，按快捷键【Ctrl+G】将其组合。选择工具箱中的【透明工具】▨，单击属性栏中的【渐变透明度】按钮▣，色块起始位置如图 10-80 所示。

步骤 12 制作气泡。选择工具箱中的【椭圆形工具】○，绘制一个圆填充为白色，去除轮廓色，如图 10-81 所示。

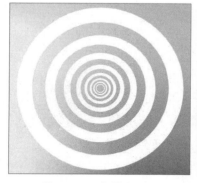

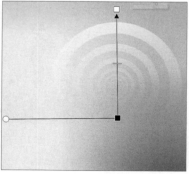

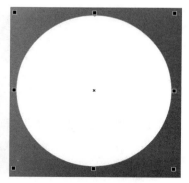

图 10-79　复制同心圆　　　　　图 10-80　透明效果　　　　　图 10-81　绘制圆

步骤 13 选择工具箱中的【透明工具】▨，单击属性栏中的【渐变透明度】按钮▣，为圆应用椭圆形透明效果，在调色板中选中深灰色图标，按住鼠标左键，将其拖曳到色彩轴上后释放鼠标，添加一个色标，将中心色标改为黑色，边缘色标改为浅灰色，如图 10-82 所示。

步骤 14 选择工具箱中的【椭圆形工具】○绘制一个圆，填充颜色为蓝色，去除轮廓色，选择工具箱中的【透明工具】▨，单击属性栏中的【渐变透明度】按钮▣，为圆应用椭圆形透明效果，如图 10-83 所示。

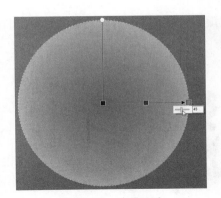

图 10-82　透明效果

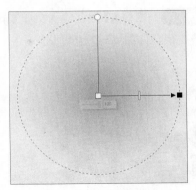

图 10-83　透明效果

步骤 15　在调色板中选中灰色图标，按住鼠标左键，将其拖曳到色彩轴上后释放鼠标，添加一个色标，得到一个光晕图形，如图 10-84 所示。

步骤 16　复制多个光晕和气泡图形，改变它们的颜色和大小，如图 10-85 所示。

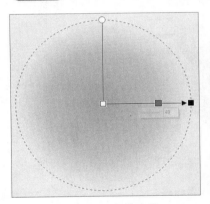

图 10-84　光晕效果

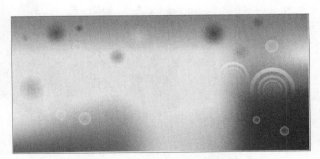

图 10-85　复制多个光晕和气泡图形

步骤 17　按快捷键【Ctrl+I】，导入"素材文件\第 10 章\冰饮素材 .cdr"，将其置于背景中，如图 10-86 所示。按【F8】键，输入文字"劲爽"，字体为方正剪纸简体，颜色为洋红色到白色的渐变，如图 10-87 所示。

图 10-86　将素材置于背景中

图 10-87　输入文字

步骤 18　按【F8】键，输入文字"冰饮"，字体为方正剪纸简体，颜色为蓝色到青色的渐变，如图 10-88 所示。

步骤 19 按【F8】键，输入文字【节】，字体为方正大黑简体，颜色为天蓝色到青色的渐变，适当倾斜变换，如图 10-89 所示。

图 10-88 输入文字

图 10-89 输入文字

步骤 20 选中三组文字，按快捷键【Ctrl+G】组合，选择工具箱中的【立体化工具】，从文字上向下拖曳鼠标，制作立体效果，颜色为蓝色到浅蓝色的渐变，如图 10-90 所示。

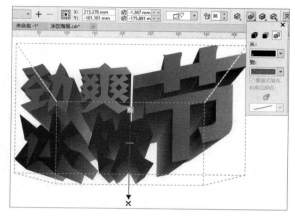

图 10-90 立体效果

步骤 21 选择文字，按小键盘上的【+】键原地复制一个，按【F12】键，打开【轮廓笔】对话框，设置轮廓宽度为 4mm，颜色为白色，单击【圆角】按钮，勾选【填充之后】复选框，如图 10-91 所示，然后单击【OK】按钮。

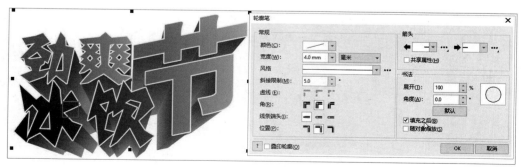

图 10-91 【轮廓笔】对话框

步骤 22 将文字放置到广告中，本例最终效果如图 10-92 所示。

图 10-92　最终效果

10.3 休闲鞋海报设计

思路分析

本海报主要分为图片和文字两部分。图片部分只需导入素材后对大小、位置等进行微调即可；文字部分需要创建文字，调整好字体、大小、角度后为其填充，对除数字外的文字添加轮廓并编辑即可。

制作步骤

步骤 01　双击工具箱中的【矩形工具】□，绘制一个与页面等大的矩形，按快捷键【Ctrl+I】，导入"素材文件\第 10 章\背景.jpg"，如图 10-93 所示。

步骤 02　选中素材图片，按住鼠标右键，将素材拖曳到矩形中，当鼠标指针变为⊕形状时释放鼠标，在弹出的快捷菜单中选择【PowerClip 内部】命令，编辑图片的位置和大小，得到如图 10-94 所示的效果。

图 10-93　导入素材

图 10-94　PowerClip 内部

步骤 03　单击【编辑】按钮，然后将素材拖曳到如图 10-95 所示的位置，单击【完成】按钮。按快捷键【Ctrl+I】导入"素材文件\第 10 章\休闲鞋.cdr"，放置到背景中，如图 10-96 所示。

图 10-95　调整素材位置

图 10-96　导入素材并放置到背景中

步骤 04　按快捷键【Ctrl+I】，导入"素材文件\第 10 章\雾.cdr"，然后取消组合，如图 10-97 所示，选择灰色背景删除。将雾素材对齐底部并放大到对齐画面两边，如图 10-98 所示。

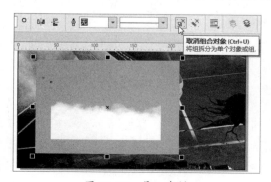

图 10-97　导入素材

图 10-98　调整素材大小及位置

步骤 05　按快捷键【Ctrl+I】导入"素材文件\第 10 章\尘土.cdr"，把素材放到鞋尖位置，如

图 10-99 所示。导入"素材文件\第 10 章\鞋标志.cdr",放到画面左上角,如图 10-100 所示。

图 10-99　把尘土素材放到鞋尖位置 　　　　　　　　　图 10-100　导入素材

步骤 06　按【F8】键,输入文字,字体为方正大黑简体,填充数字"6"为红色到黄色的渐变,填充汉字"折"为灰色,如图 10-101 所示。选中汉字"折",按【F12】键,打开【轮廓笔】对话框,设置轮廓宽度为 3mm,颜色为白色,单击【圆角】按钮 ,如图 10-102 所示,然后单击【OK】按钮。

图 10-101　输入文字 　　　　　　　　　图 10-102　添加轮廓

步骤 07　按【F8】键,输入文字并适当旋转,字体为方正粗倩简体,颜色为灰色,如图 10-103 所示。拖曳右键复制前面制作的白色轮廓,效果如图 10-104 所示。

图 10-103　输入文字 　　　　　　　　　图 10-104　复制轮廓

步骤 08　按【F8】键,输入文字,字体为方正粗倩简体,中文颜色为灰色,英文颜色为白色,然后按【F12】键,打开【轮廓笔】对话框,设置中文轮廓宽度为 4mm,颜色为黄色,设置英文轮廓颜色为浅蓝色,单击【圆角】按钮 。单击【OK】按钮,得到如图 10-105 所示的效果。

步骤 09　将文字放到海报中,本例最终效果如图 10-106 所示。

图 10-105　输入文字并添加轮廓

图 10-106　最终效果

10.4 售楼书户型页设计

修建房子时一般用CAD进行绘图，因为CAD是工程绘图软件，绘制的图最精确；但售卖房子时几乎不会用设计图或施工图，因为这些图不够直观，没接受过相关训练的人很难看懂。售卖房子时一般用手绘图，或者用Photoshop或CorelDRAW绘制的图。手绘图没有机械感，虽然美观、有亲和力，但不够精确；用Photoshop绘制的户型图也存在美观有余精度不足且图层繁多的问题。而用CorelDRAW绘制的户型图能满足精确、美观、高效等多方面需求。

下面以绘制售楼书的户型页为例带领大家感受用CorelDRAW绘图的优势。

效果展示

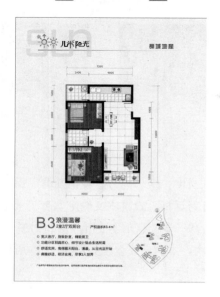

本例主要分为户型图绘制和版面设计两部分。户型图可按建筑框架、材质铺装、家具陈设、尺寸标注的顺序绘制。

建筑框架：先设置比例尺、原点、辅助线，然后贴齐辅助线绘制墙线，再绘制门窗洞，将墙线转为对象后修剪出门窗洞，再用矩形、椭圆形、网格等工具绘制出门窗。

材质铺装：绘制封闭材质区域，将材质素材中相应的材质复制粘贴进来，再复制属性到材质填充区域，微调材质图案大小和角度即可。

家具陈设：绘制灶台，将家具素材中相应的家具复制粘贴进来，调整大小、位置。

尺寸标注：选择度量工具，设置好属性栏中的单位、文本位置，然后贴齐辅助线标注。

版面设计需要先将标注转曲，然后填充页面，复制粘贴Logo等素材，用段落文本编辑正文并制作随文图形，用美术文本编辑其他文字，最后导入楼盘平面图即可。

制作步骤

10.4.1 绘制建筑框架图

步骤 01 新建文件。打开CorelDRAW 2022，创建一个"B3 户型"文件，如图 10-107 所示。

步骤 02 设置标尺。按快捷键【Ctrl+J】，在弹出的对话框中单击【文档】按钮，然后选择【标尺】选项，再将滚动条拖曳到底部，单击【编辑缩放比例】按钮，如图 10-108 所示。单击【典型比例】下拉菜单，选择"1:100"，如图 10-109 所示，依次单击两级对话框的【OK】按钮，完成标尺设置，可以看到标尺上的刻度数字放大了 100 倍。

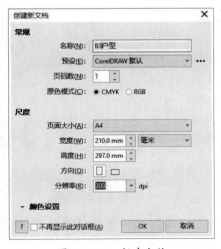

图 10-107　新建文件

图 10-108　选项设置

步骤 03 设置原点。默认原点在页面左下角，直接绘制不够美观，故需重新设置。按住鼠标左键拖曳标尺左上角点 到如图 10-110 所示的位置即可。

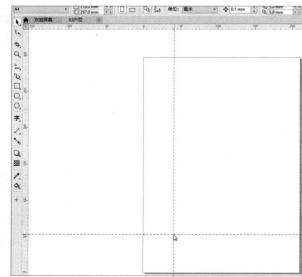

图 10-109　设置标尺

图 10-110　设置原点

步骤 04　设置水平辅助线。按快捷键【Ctrl+J】，在弹出的对话框中单击【文档】按钮，然后单击【辅助线】选项，再选择【水平】选项卡，直接单击【添加】按钮，在原点处添加一条水平辅助线，如图 10-111 所示。

步骤 05　继续在 Y 为 4000、6000、9000、10800 处添加水平辅助线，如图 10-112 所示，然后单击【OK】按钮，主要水平辅助线添加完成。

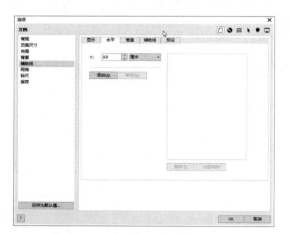

图 10-111　在原点处添加水平辅助线

图 10-112　添加其他水平辅助线

步骤 06　设置垂直辅助线。切换到【垂直】选项卡，添加 X 为 0、4000、8000 的三条垂直辅助线，如图 10-113 所示。单击【OK】按钮，效果如图 10-114 所示。

图 10-113 添加垂直辅助线

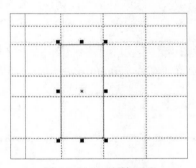

图 10-114 添加主要辅助线效果

步骤 07 绘制墙线。切换到【选择工具】 ，在属性栏中的【贴齐】选项下勾选"辅助线"复选框，如图 10-115 所示。然后切换到【矩形工具】 ，绘制两个卧室及卫生间的墙线，如图 10-116 所示。

图 10-115 贴齐辅助线

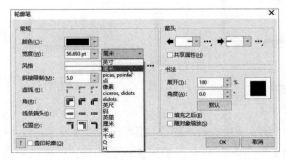

图 10-116 绘制矩形

步骤 08 设置线宽。按【F2】键，将轮廓单位改为"毫米"，如图 10-117 所示，然后将【宽度】设为 240，再勾选【随对象缩放】复选框，单击【OK】按钮，效果如图 10-118 所示。

图 10-117 设置单位

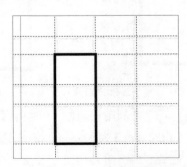

图 10-118 墙线效果

步骤 09 添加阳台辅助线。用【选择工具】 按住鼠标左键，在垂直标尺上拖曳出一条辅助线，如图 10-119 所示，然后释放鼠标左键，在属性栏【对象位置】参数框里输入"2400"，如图 10-120 所示。

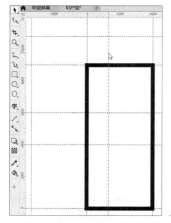

温馨提示

> 为了避免一次性添加完辅助线导致辅助线太多难以区分，可以先把主要墙面的辅助线添加好，其他的辅助线临时添加。

图 10-119 拖曳出辅助线　　图 10-120 输入辅助线位置

步骤 10 如法炮制，继续添加 7200 垂直辅助线，1200、7200 水平辅助线，效果如图 10-121 所示。

步骤 11 绘制外墙线。切换到【贝塞尔工具】 ，绘制墙线并设置线宽为 240mm，如图 10-122 所示。

步骤 12 绘制内墙线。按快捷键【F5】切换到【手绘线工具】，绘制两个卧室的内墙线并在属性栏中设置线宽为 120mm，如图 10-123 所示。

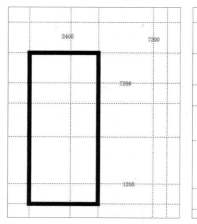

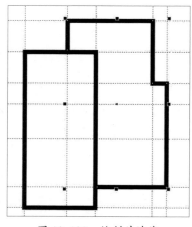

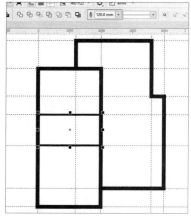

图 10-121 添加其他辅助线　　图 10-122 绘制外墙线　　图 10-123 绘制内墙线

步骤 13 绘制阳台边线。切换到【贝塞尔工具】 ，贴齐辅助线绘制两个阳台边线，在属性栏中设置【轮廓宽度】为 120mm，右击调色板中的"50%灰度"为其描边，如图 10-124 所示。

步骤 14 调整阳台边线。按快捷键【Ctrl+A】全选所有对象，按快捷键【Ctrl+Shift+Q】将轮廓转为对象。再按快捷键【F10】切换到【形状工具】 ，框选如图 10-125 所示的节点，然后拖曳到左侧与外墙线对齐，效果如图 10-126 所示。

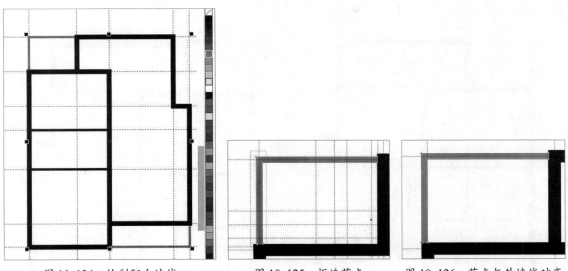

图 10-124　绘制阳台边线　　　　图 10-125　框选节点　　　图 10-126　节点与外墙线对齐

步骤 15　用同样的方法将其他阳台边线与外墙线对齐，效果如图 10-127 所示。

步骤 16　补充厨卫内墙线。按快捷键【F5】切换到【手绘线工具】，补充厨房和卫生间的内墙线，设置线宽为 120mm，然后按快捷键【Ctrl+Shift+Q】将其转为对象，效果如图 10-128 所示。

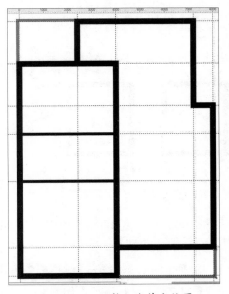

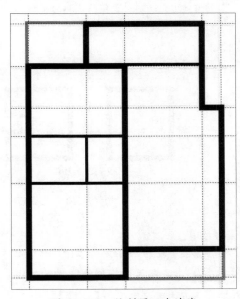

图 10-127　调整阳台节点位置　　　　　　　　图 10-128　绘制厨卫内墙线

步骤 17　挖门窗洞。按快捷键【Ctrl+A】全选所有对象，按住【Shift】键减选两个阳台，单击属性栏中的【焊接】按钮 ⬚ 将墙线焊接为一个对象。然后在墙线处绘制矩形以便挖门窗洞，参考尺寸和位置如图 10-129 所示。

步骤 18　按住【Shift】键加选所有用于挖门窗洞的矩形，再按快捷键【Ctrl+L】将其合并。

按住【Shift】键将墙线与矩形加选，单击属性栏中的【移除前面对象】按钮🖳挖出门窗洞，效果如图 10-130 所示。

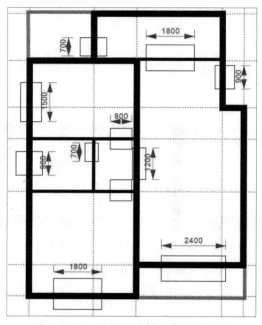

图 10-129 绘制用于挖门窗洞的矩形

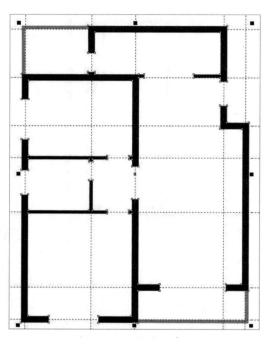

图 10-130 挖出门窗洞

温馨提示

非画线工具绘制的图形，若不将轮廓转换为对象，即使轮廓再宽也剪不断，如图 10-131 所示。

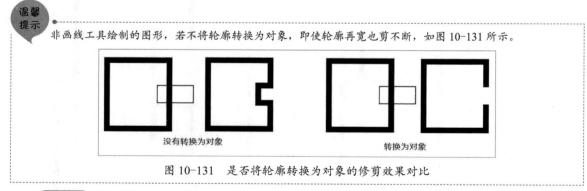

图 10-131 是否将轮廓转换为对象的修剪效果对比

步骤 19 绘制入户平开门。在入户门垛处绘制一个长 900mm、宽 40mm 的矩形，在属性栏中将【轮廓宽度】设为"细线"，如图 10-132 所示。

步骤 20 填充入户门材质。按快捷键【Shift+F11】，在弹出的【编辑填充】对话框中单击【位图图样填充】按钮🖳，再单击【选择】按钮，选择"第 10 章\素材文件\木头 .jpg"，如图 10-133 所示，然后单击【OK】按钮。

温馨提示

门的宽度必须与相应的门洞一致。

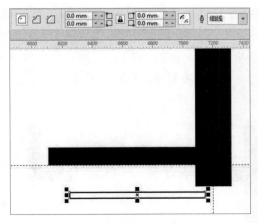

图 10-132 绘制入户门

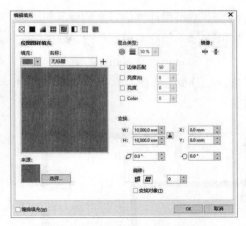

图 10-133 填充入户门材质

步骤 21 绘制开关门弧线。按空格键切换到【选择工具】，将鼠标指针定位到门的右上角，按住鼠标左键拖曳到门垛中心，如图 10-134 所示。按【F7】键切换到【椭圆形工具】〇，将鼠标指针定位到门的右上角，按住快捷键【Ctrl+Shift】拖曳到门的左上角绘制一个圆，如图 10-135 所示。

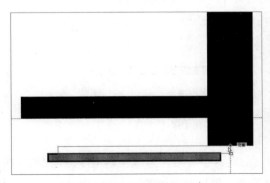

图 10-134 移动门到门垛中心

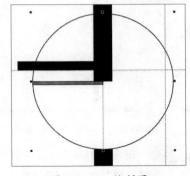

图 10-135 绘制圆

步骤 22 单击属性栏中的【饼形】按钮〇，可以看到想要的效果和当前效果完全相反，再单击属性栏中的【更改方向】按钮〇就得到了开关门弧线，如图 10-136 所示。

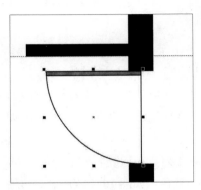

图 10-136 开关门弧线

> **温馨提示** ●也可以通过调整属性栏中的【起始和结束角度】参数控制饼形或弧线的起始和结束位置。还可以用【形状工具】🔍直接拖曳调整起始和结束位置，鼠标指针在弧线内为扇形，鼠标指针在弧线外为弧线，如图 10-137 所示。
>
>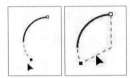
>
> 图 10-137 用【形状工具】调整起始和结束位置

步骤 23　用同样的方法绘制其他平开门，效果如图 10-138 所示。

步骤 24　绘制阳台推拉门。推拉门就是两个错开的矩形，所以比较好画，注意平分尺寸即可。绘制一个宽 600mm、高 40mm 的矩形，填充为冰蓝色并将其左下角对齐门垛中心，如图 10-139 所示。按空格键切换到【选择工具】，鼠标指针定位到矩形左上角，拖曳复制到矩形右下角，如图 10-140 所示。

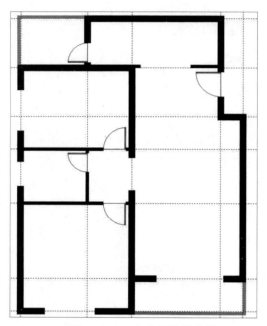

图 10-138　平开门绘制效果

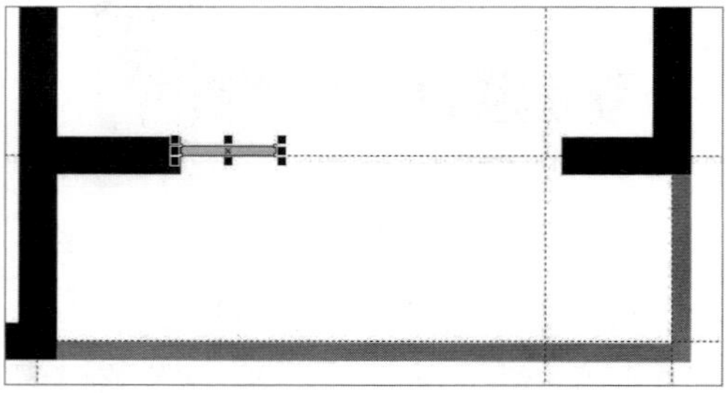

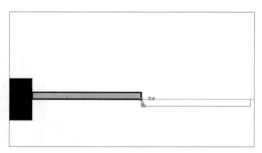

图 10-139　绘制矩形

图 10-140　复制矩形

步骤 25　镜像复制推拉门。按住【Shift】键加选两个矩形，再按住【Ctrl】键拖曳左中的控制点到右侧，不释放鼠标左键的同时右击，复制另外两扇推拉门，如图 10-141 所示。

步骤 26　用同样的方法绘制厨房推拉门，效果如图 10-142 所示。

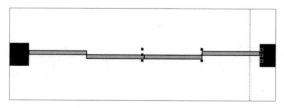

图 10-141　阳台推拉门效果

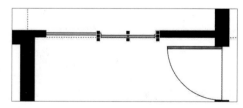

图 10-142　厨房推拉门效果

步骤 27　绘制次卧窗户。按快捷键【D】切换到【图纸工具】，在属性栏中将【列数和行数】改为 3 和 1，将【轮廓宽度】设为"细线"，然后捕捉次卧的窗洞绘制窗户，并填充冰蓝色，如图 10-143 所示。用同样的方法在卫生间窗洞绘制窗户。

步骤 28　绘制主卧窗户。切换到【图纸工具】，在属性栏中将【列数和行数】改为 1 和 3，将【轮廓宽度】设为"细线"，然后捕捉主卧的窗洞绘制窗户，并填充冰蓝色，如图 10-144 所示。

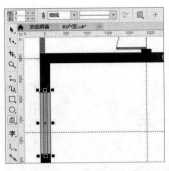

图 10-143　绘制次卧窗户

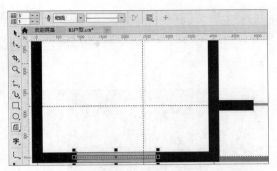

图 10-144　绘制主卧窗户

10.4.2　填充材质

步骤 01　填充次卧材质。按【F6】键切换到【矩形工具】□，对齐次卧绘制一个矩形，如图 10-145 所示。打开"素材文件\第 10 章\室内图库（材质图例）.cdr"，用【选择工具】选择一个木地板材质，按快捷键【Ctrl+C】复制，如图 10-146 所示。

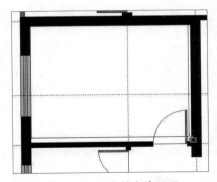

图 10-145　绘制次卧矩形

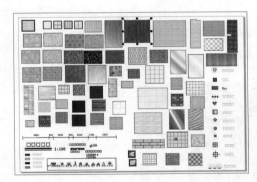

图 10-146　打开素材复制材质

步骤 02　按快捷键【Ctrl+Tab】切换到"B3 户型"文件，按快捷键【Ctrl+V】粘贴，如图 10-147 所示。按住右键拖曳材质到次卧矩形内，当鼠标指针变为⊕形状时释放鼠标，在弹出的快捷菜单中选择【复制所有属性】命令，如图 10-148 所示。

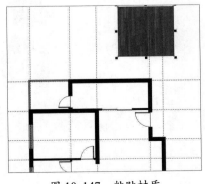

图 10-147　粘贴材质

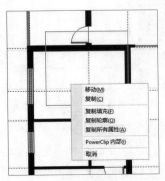

图 10-148　复制所有属性

步骤 03 排序。此时材质在墙线上方，如图 10-149 所示，选择木地板材质，按快捷键【Shift+PgDn】将其放到最下层，如图 10-150 所示。用同样的方法填充主卧的材质。

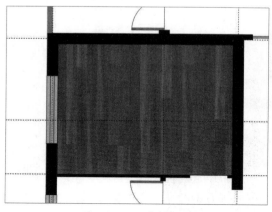

图 10-149 填充效果　　　　　　　　　　图 10-150 排序

步骤 04 切换到【贝塞尔工具】，捕捉客厅、餐厅、过道的辅助线绘制封闭的图形，如图 10-151 所示。按快捷键【Ctrl+Tab】切换到素材文件，选择一种大理石地砖材质并复制，如图 10-152 所示。

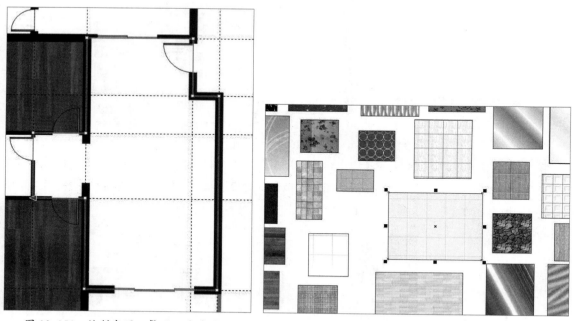

图 10-151 绘制客厅、餐厅、过道图形　　　　图 10-152 选择材质

步骤 05 与填充卧室材质一样，将地砖材质复制到户型图，拖曳右键复制属性完成填充，再将其置于底层，效果如图 10-153 所示。

步骤 06 用同样的方法填充厨卫及阳台的防滑地砖材质，效果如图 10-154 所示。

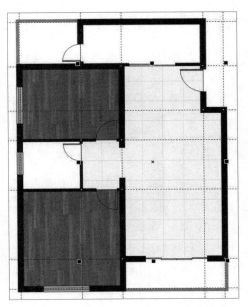

图 10-153 填充客厅、餐厅、过道材质

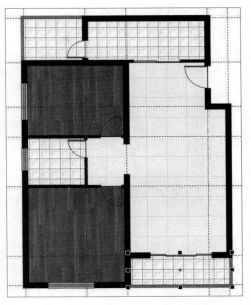

图 10-154 填充厨卫、阳台材质

10.4.3 布置家具家电

步骤 01 选择家具家电。打开"素材文件\第10章\室内图库（平立面）.cdr"，按住【Shift】键，加选床、沙发、衣柜、冰箱、洗衣机等家具家电，如图 10-155 所示。按快捷键【Ctrl+C】，再按快捷键【Ctrl+Tab】切换到"B3 户型"文件，按快捷键【Ctrl+V】粘贴。

步骤 02 调整餐桌。用【选择工具】选择餐桌，将其拖曳到餐厅处，在属性栏中将【旋转角度】改为 90，如图 10-156 所示。

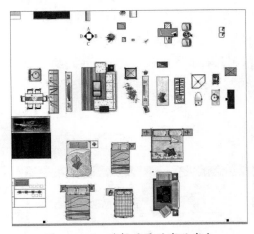

图 10-155 选择需要的家具家电

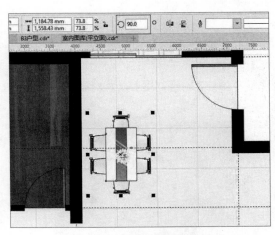

图 10-156 调整餐桌位置及角度

步骤 03 布置主卧家具。用同样的方法将主卧的床布置好，如图 10-157 所示；将衣柜的角度及位置调好，如图 10-158 所示。

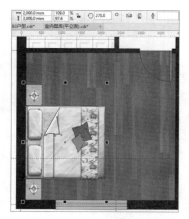

图 10-157　调整主卧床位置及角度

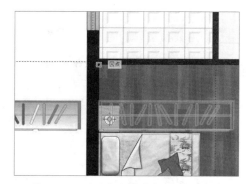

图 10-158　调整主卧衣柜位置及角度

步骤 04　用同样的方法布置次卧的床及衣柜。当把衣柜复制到次卧时，可见衣柜太大了，无法开关门。此时可以选择衣柜对象按快捷键【Ctrl+U】取消组合，如图 10-159 所示，再选择如图 10-160 所示的几个对象，按【Delete】键将其删除。

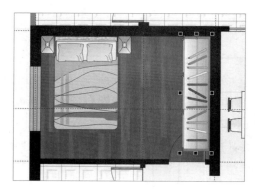

图 10-159　取消组合对象

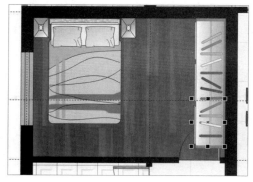

图 10-160　选择对象

步骤 05　向上拖曳下中定界框，将衣柜及挂衣杆缩小至如图 10-161 所示处。

步骤 06　绘制灶台。按快捷键【F6】捕捉厨房门洞到右上屋角绘制一个矩形，填充 10% 黑，在属性栏中将【轮廓宽度】设为"细线"，如图 10-162 所示。

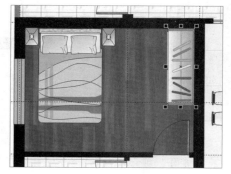

图 10-161　缩小衣柜效果

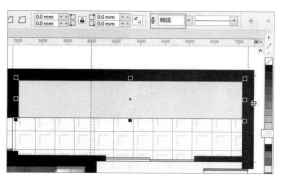

图 10-162　绘制灶台

步骤 07　调整水槽。将水槽放于灶台左侧，按快捷键【Shift+PgUp】将其置于顶层，然后拖曳右下定界框将其放大，如图 10-163 所示。用同样的方法将燃气灶调整好，然后摆放冰箱，如图 10-164 所示。

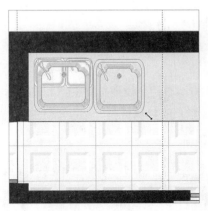

图 10-163　调整水槽

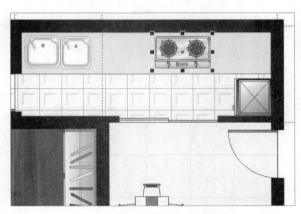

图 10-164　厨房平面布置效果

步骤 08　用同样的方法将其他家具家电布置好，效果如图 10-165 所示；布置几盆植物，效果如图 10-166 所示。

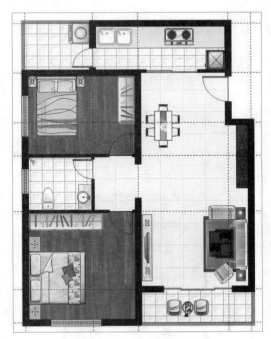

图 10-165　布置其他家具家电

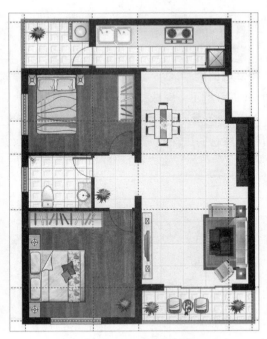

图 10-166　布置植物

10.4.4　标注

步骤 01　设置标注样式。长按【平行度量工具】按钮 ，单击【水平或垂直度量工具】按钮，在属性栏中设置【度量精度】为"0"，关闭【显示单位】，单击【文本位置】按钮选择"尺度线上方的位置"，如图 10-167 所示。

图 10-167　设置标注样式

步骤 02　设置标注箭头。单击属性栏中的【双箭头】下拉按钮，选择"箭头 62"，如图 10-168 所示。

步骤 03　标注主卧进深。按住鼠标左键捕捉主卧下方墙心辅助线拖曳到主卧上方墙心辅助线，当出现"垂直"提示时释放鼠标左键，如图 10-169 所示。紧接着将鼠标指针向左略微拖曳一段距离单击定位，完成第一个标注，如图 10-170 所示。

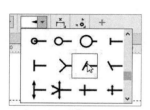

图 10-168　设置标注箭头

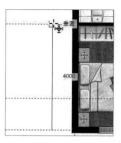

图 10-169　捕捉需要标注的两点

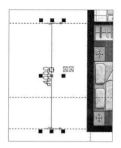

图 10-170　完成第一个标注

步骤 04　标注卫生间进深。捕捉主卧主卧上方墙心尺寸界线基点，按住鼠标左键拖曳到卫生间上边的辅助线，当出现"垂直"提示时释放鼠标左键，再捕捉到第一条尺寸线的端点单击，如图 10-171 所示，完成第二个标注。

步骤 05　用同样的方法标注其他房间的进深与开间，效果如图 10-172 所示。最后在右侧和顶部标注总的进深和开间尺寸。

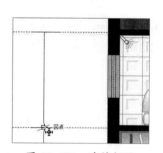

图 10-171　连续标注

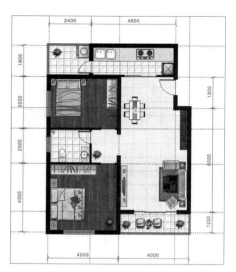

图 10-172　连续标注效果

10.4.5　户型页设计

步骤 01　转曲。由于标注与辅助线有关联，移动图形将会使标注产生变化，故需全选对象，然后按快捷键【Ctrl+Q】将文字转换为曲线。

步骤 02　清除辅助线。按快捷键【Ctrl+J】，在弹出的对话框里单击【文档】按钮，选择【辅助线】选项，在【水平】选项卡里单击【全部清除】按钮，如图 10-173 所示。再切换到【垂直】选项卡清除辅助线。单击【OK】按钮，效果如图 10-174 所示。

图 10-173　清除辅助线

图 10-174　清除辅助线效果

步骤 03　将主体放在最佳视觉位置。按快捷键【Ctrl+A】全选对象，按快捷键【Ctrl+G】将它们组合，然后放在页面中心稍微偏上的位置，如图 10-175 所示。

步骤 04　填充底色放置Logo。双击【矩形工具】绘制一个与页面等大的矩形，填充米黄色（C：0，M：4，Y：12，K：0）。然后打开"素材文件\第 10 章\几米阳光 .cdr"，将Logo复制粘贴到上方并调整大小，效果如图 10-176 所示。

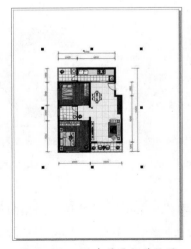

图 10-175　放在最佳视觉位置

图 10-176　填充底色放置Logo

步骤 05　设计抬头。将"素材文件\第 10 章\几米阳光.cdr"文件中有英文的 Logo 解散组合，选择"SUN"复制粘贴到"B3 户型"文件，调整其大小，填充 20% 黑；单击【透明度工具】▨添加 60% 的标准透明，效果如图 10-177 所示。

步骤 06　绘制一个小矩形，填充青色，然后单击【透明度工具】▨为其添加线性渐变透明，效果如图 10-178 所示。

图 10-177　将抬头做出层次

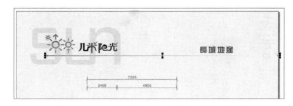

图 10-178　绘制矩形并添加线性透明

步骤 07　创建介绍文字。按【F8】键输入"B3"，字体为 Arial，大小为 48pt，颜色为"C：45，M：50，Y：60，K：0"；输入"浪漫温馨"，字体为黑体，大小为 18pt，颜色为黑色；输入"2 室 2 厅双阳台"，字体为黑体，大小为 12pt，颜色为黑色，效果如图 10-179 所示。

步骤 08　按【F8】键拖曳鼠标左键创建段落文本并输入文字，字体为黑体，大小为 10pt，拖曳下方的拉杆将行间距略微调大，如图 10-180 所示。

步骤 09　制作随文图。绘制一个正圆，设置轮廓宽度为 50mm。切换到【颜色滴管工具】✎，在"B3"文字上单击，再移动到正圆上，当鼠标指针变成颜料桶下空心矩形图标🎨时单击鼠标左键，描边色填充完成，如图 10-181 所示。按空格键切换到【选择工具】▶，选择正圆，按快捷键【Ctrl+X】将其放到剪贴板里，然后按【F8】键切换到【文本工具】字，将鼠标指针定位到段落文字第一行按快捷键【Ctrl+V】粘贴，效果如图 10-182 所示。

图 10-179　创建并编辑小标题

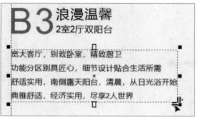

图 10-180　创建并编辑文字

图 10-181　设置描边色

步骤 10　按两次空格键调整距离，再将随文图与空格复制粘贴到其他 3 行，效果如图 10-183 所示。

步骤 11　添加其他附文。创建两行黑体文字"产权面积 83.4m^2""广告所示户型图和位置分布仅作参考，最终结果以政府批准的相关法律文件及双方合同约定为准。"，前者字号为 10pt，后者字号为 6pt，效果如图 10-184 所示。

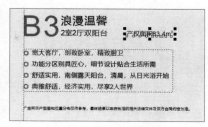

图 10-182　插入随文图　　　图 10-183　随文图效果　　　　图 10-184　添加附文

步骤 12　观看最终效果。打开"素材文件\第 10 章\楼盘 .cdr"，将其复制粘贴到户型页文件，放于右下角。按【F4】键最大化显示对象，再按【F9】键全屏预览，效果如图 10-185 所示。

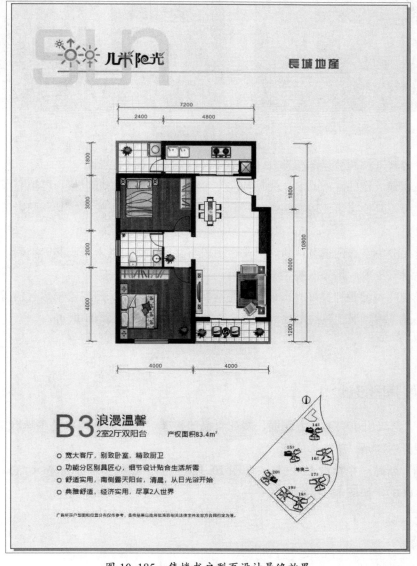

图 10-185　售楼书户型页设计最终效果

10.5 薯片包装设计

薯片属于快消食品，包袋一般采用性价比较高的BOPP膜，这里就以这种材料的包装为例来设计一个包装。

效果展示

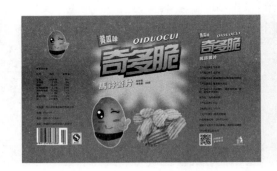

思路分析

本例可分为展开图和效果图两部分。展开图又可分为正面和背面。

展开图正面最关键的是产品名，先创建文字，然后将字打散拉近焊接，再填充渐变，用轮廓图工具制作外轮廓，其他文字使用块阴影、封套工具完成，背景则用变形工具和阴影工具制作，最后导入图片素材。

展开图背面分为左右两部分，将素材文字用段落文字编辑，插入条码和二维码，复制正面的产品名文字和原材料形象，再导入相关素材即可。

绘制效果图的关键是把握好光影效果。先绘制充气后的袋型，然后绘制热封的压痕，再用阴影工具绘制背光面，用透明工具绘制高光，最后添加阴影。背面如法炮制即可。

制作步骤

10.5.1 展开图设计

BOPP膜广泛应用于饼干、方便面、膨化食品等包装，其材料利用率几乎达到100%，包装结构很简单，展开后即是一张矩形的膜。

步骤 01 新建一个横向A3文件，如图10-186所示。绘制一个240mm×180mm的矩形并填充绿色（#64AF60），如图10-187所示。

图 10-186 新建文件

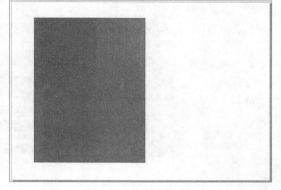

图 10-187 绘制矩形

步骤 02 绘制装饰底图。绘制一个矩形，填充任意颜色，按快捷键【Ctrl+Q】将其转曲，按【F10】键切换到形状工具，按快捷键【Ctrl+A】全选节点，按两次小键盘上的【+】键或单击两次属性栏中的【添加节点】按钮，为其添加中分节点，如图 10-188 所示。

步骤 03 切换到【变形工具】，拖曳使其变形，如图 10-189 所示。

图 10-188 添加两次中分节点

图 10-189 拖曳变形

步骤 04 用【阴影工具】在图形上拖曳出阴影，在属性栏中设置颜色为白色，不透明度为75%，合并模式为"常规"，如图 10-190 所示。按快捷键【Ctrl+K】拆分阴影，删除原对象，效果如图 10-191 所示。

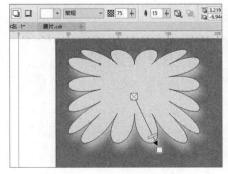

图 10-190 编辑阴影

图 10-191 删除原对象

步骤 05　文字设计。输入文字"奇多脆"，字体为方正综艺简体，大小为 72pt，如图 10-192 所示。按快捷键【Ctrl+K】将其拆分，然后逐个拉近距离并微调位置，如图 10-193 所示。

图 10-192　输入文字　　　　　　　　　　　图 10-193　微调文字位置

步骤 06　选择三个文字，按快捷键【Ctrl+Q】将其转曲，再单击属性栏中的【焊接】按钮 ▣ 将其焊接为一个对象。按快捷键【G】拖曳填充从黄色到橘黄色的渐变，如图 10-194 所示。

步骤 07　切换到【轮廓图工具】▣，向外拖曳，在属性栏中设置【步长】为 1，【轮廓偏移】为 3.5mm，填充色为青、黑色，如图 10-195 所示。

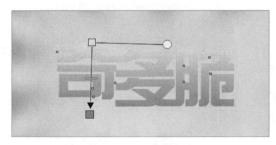

图 10-194　填充渐变　　　　　　　　　　　图 10-195　调整轮廓图参数

步骤 08　输入拼音，字体为 Exotc350，大小为 24pt，如图 10-196 所示。将拼音文字填充为白色，用【块阴影工具】🖊 拖曳出如图 10-197 所示的效果。

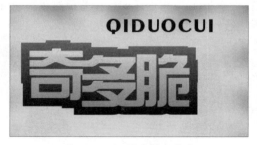

图 10-196　创建拼音文字　　　　　　　　　图 10-197　添加块阴影

步骤 09　选择中文文字拖曳对角定界框略微放大，再次单击中文，拖曳右中双箭头，再拖曳下中双箭头将文字倾斜以做出动感效果，如图 10-198 所示。用同样的方法处理拼音文字，效果如图 10-199 所示。

图 10-198　倾斜文字　　　　　　　　　图 10-199　倾斜文字效果

步骤 10　创建单行文字"马铃薯片"，字体为方正胖娃繁体，大小为 24pt，填充为黄色，按前面的方法将其倾斜，如图 10-200 所示。切换到【块阴影工具】拖曳出阴影，在属性栏中将颜色改为红色，如图 10-201 所示。

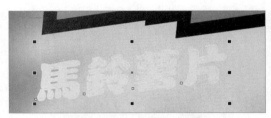
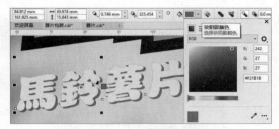

图 10-200　创建单行文字　　　　　　　图 10-201　修改块阴影颜色

步骤 11　创建变形文字。绘制一个矩形并移动，在不释放鼠标左键的同时右击，复制两个矩形，如图 10-202 所示。加选第一、二个矩形，单击属性栏中的【移除前面对象】按钮，修剪效果如图 10-203 所示。将矩形转曲，然后按【F10】键切换到【形状工具】，选择上下线条，单击【转换为曲线】按钮，将图形调整为如图 10-204 所示的效果。然后将两个图形填充为红色，右击调色板上的□按钮去除轮廓色。

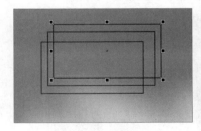
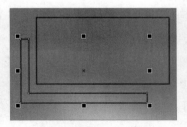
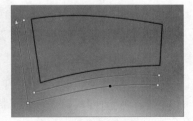

图 10-202　复制矩形　　　　图 10-203　修剪矩形　　　　图 10-204　调整图形

步骤 12　创建单行文字"黄瓜味"，字体为方正胖娃繁体，大小为 24pt，填充为黄色，然后切换到【封套工具】，单击属性栏中的【创建封套自】按钮，然后单击红色图形，如图 10-205 所示。此时封套已加到文字上，将文字移动到红色图形内即可，如图 10-206 所示。

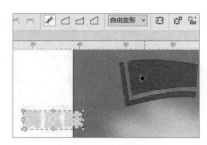

图 10-205　创建封套

图 10-206　封套文字效果

温馨提示　若有封套轮廓而文字并未变形,只需任选一个封套节点略微拖曳即可。

步骤 13　导入素材。按快捷键【Ctrl+I】导入"素材文件\第 10 章\土豆.psd"和"素材文件\第 10 章\土豆片.psd",调整大小和位置,如图 10-207 所示。再输入包装规格并微调,效果如图 10-208 所示。

图 10-207　导入素材并调整

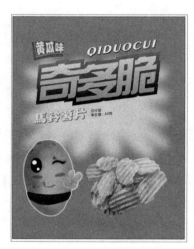

图 10-208　包装正面效果

步骤 14　绘制背面。选择大矩形拖曳复制,将宽度改为 100mm,再复制一个矩形,贴齐对象放于正面两侧,如图 10-209 所示,然后将矩形去边。选择品牌文字"奇多脆",按快捷键【Ctrl+K】拆分,选择正面除规格文字外的文字,复制粘贴到右上方并缩小,效果如图 10-210 所示。

步骤 15　打开"素材文件\第 10 章\背面文字.txt",复制产品信息,用【文本工具】字在右侧创建一个文本框,粘贴产品信

图 10-209　绘制矩形

息，在属性栏中设置字体为黑体，大小为 10pt，如图 10-211 所示。再在左侧粘贴其他信息，将卡通土豆复制到左侧上方并缩小，如图 10-212 所示。

图 10-210 复制主要文字

图 10-211 添加产品信息

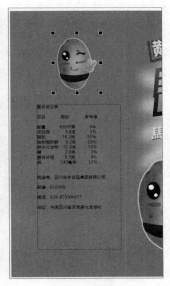

图 10-212 添加其他产品信息并复制卡通土豆

温馨提示 文本框不会影响打印及输出，若不想看到文本框，可按快捷键【Ctrl+J】，在【选项】→【CorelDRAW】→【文本】→【段落文本】选项卡里取消选择"显示文本框"复选框。

步骤16 插入条形码。执行【对象】→【插入】→【条形码】命令，在弹出的【条码向导】对话框里选择 "EAN-13" 行业标准，输入条形码数字，如图 10-213 所示。单击两次【下一步】按钮，即可生成条形码，将其移到左下方，如图 10-214 所示。

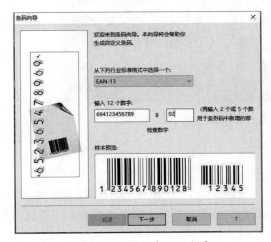

图 10-213 输入条形码数字

图 10-214 放置条形码

步骤 17　添加其他标识。打开"素材文件\第 10 章\包装标识.cdr",将"质量安全"标识复制粘贴到主文件,放置于条形码旁,如图 10-215 所示。将"保持清洁"标识重新填充为白色,放置于右侧。

步骤 18　插入二维码。执行【对象】→【插入】→【QR 码】命令,在弹出的【属性】泊坞窗的 URL 里填入网址"http://www.qiduocui.com",按【Enter】键生成二维码,调整大小放于右侧并添加"扫码获得更多惊喜"文字,如图 10-216 所示。

图 10-215　添加其他标识

图 10-216　添加二维码

步骤 19　预览展开图效果。至此展开图设计完成,按【F4】键可最大化显示,按【F9】键可全屏预览,效果如图 10-217 所示。

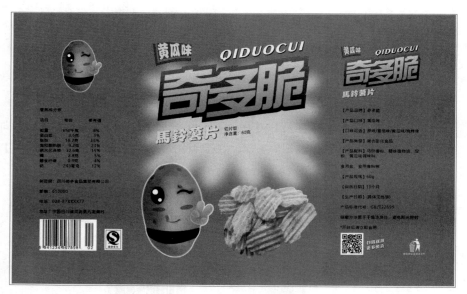

图 10-217　展开图预览效果

10.5.2　效果图表现

三维效果图有很多种绘制方法,若是把握住光影与透视等要点,使用 CorelDRAW 也能绘制。

步骤 01　组合正面、背面。框选正面,拖曳到旁边,不释放鼠标左键并右击复制,框选两侧的背面,拖曳复制并贴齐,如图 10-218 所示。

图 10-218　组合正背面

步骤 02　绘制封口。从标尺上拖曳出封口线位置，选择矩形，按快捷键【Ctrl+Q】转曲，按【F10】键切换到【形状工具】 ，在封口线位置双击添加节点，如图 10-219 所示。框选左上两个节点向左拖曳制作充气拉伸效果，如图 10-220 所示。用同样的方法处理其他角。

图 10-219　添加节点

图 10-220　拖曳节点

步骤 03　绘制封口压痕。贴齐顶端节点绘制一个高度约为 0.6mm 的矩形，如图 10-221 所示，使用【透明度工具】 为其添加 50% 的均匀透明，拖曳复制到下方辅助线处，用【调合工具】 将两个压痕矩形调和，将【调和对象】改为 9，如图 10-222 所示。然后选择调和好的压痕复制到底部。

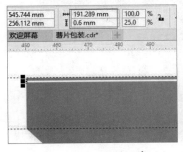

图 10-221　绘制压痕

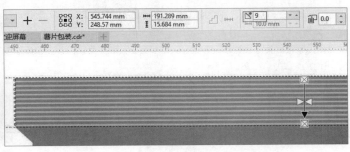

图 10-222　调和压痕

步骤 04　绘制阴影。绘制一个如图 10-223 所示的图形并填充为任意颜色，然后用【阴影工具】⬚拖曳出阴影。按快捷键【Ctrl+K】拆分阴影并删除图形，效果如图 10-224 所示。

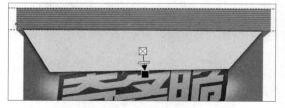

图 10-223　绘制阴影图形

图 10-224　拆分阴影并删除图形

步骤 05　选择阴影，执行【位图】→【转换为位图】命令，如图 10-225 所示。添加渐变不透明，【合并模式】为"乘"，调整渐变起点和终点位置，效果如图 10-226 所示。选择阴影，按住【Ctrl】键向下拖曳定界框上中点，不释放鼠标左键并右击，将阴影镜像复制到底部。

图 10-225　将阴影转换为位图

图 10-226　添加渐变不透明

步骤 06　绘制高光。用【贝塞尔工具】✎绘制高光形状并去边，如图 10-227 所示。使用【透明度工具】▩为其添加 50% 的均匀不透明，如图 10-228 所示。将其镜像复制到右边，填充黑色，把【合并模式】改为"柔光"，如图 10-229 所示。

图 10-227　绘制高光形状　　图 10-228　添加均匀不透明　　　　图 10-229　绘制高光

步骤 07　绘制背面效果图。用同样的方法将背面两个矩形进行加节点处理，如图 10-230 所示。然后将正面压痕复制到背面，再复制一个到中部，调整尺寸，如图 10-231 所示。

图 10-230　绘制背面形状

图 10-231　复制压痕并调整

步骤 08　复制光影。将正面的光影复制到背面并进行调整，效果如图 10-232 所示。

步骤 09　绘制背景。用【矩形工具】绘制一个矩形，按【G】键拖曳填充黑色到蓝色的线性渐变，如图 10-233 所示。

图 10-232　背面效果图

图 10-233　绘制背景

步骤 10　添加阴影。按住【Shift】键加选绿色包装袋图形，用【阴影工具】拖曳出阴影，选择背景矩形，按快捷键【Shift+F4】可最大化显示，按【F9】键可全屏预览，薯片包装效果如图 10-234 所示。

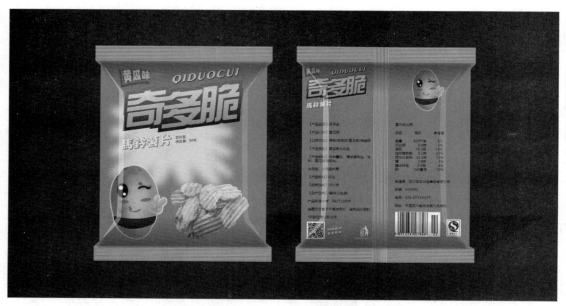

图 10-234　薯片包装效果图

10.6 饮料包装设计

饮料也属于快消品，故通常采用经济实惠的塑料（如PET）制作瓶身，然后再以收缩膜装潢。下面设计制作一个茶饮包装。

效果展示

本例可分为收缩膜和瓶体效果图两部分。

从货架摆放效果考虑，收缩膜上的图文最好重复一次，这样无论怎么摆放都能展示出产品信息。收缩膜正面利用在线艺术字生成网站设计产品名称的文字，然后绘制茶杯图形，最后添加其他图文。收缩膜背面则主要是将素材文字段落化处理，再插入条形码，复制相关标识。再将收缩膜正面和背面复制一次，完成收缩膜展开图的绘制。

瓶体部分分为瓶盖和瓶身两部分。瓶盖用渐变填充矩形，再用调和工具绘制齿槽效果。瓶身则先绘制左半部分的剖面形状，镜像复制右半部分，然后焊接起来填充茶色；再用形状工具、阴影工具和透明工具绘制出光影效果，最后将收缩膜展开图复制一份，用【PowerClip内部】命令剪裁即可。背面效果图只需复制一份，然后用【编辑PowerClip】命令调整展开图的位置即可。

制作步骤

10.6.1 展开图设计

步骤01 新建一个横向A3文件，绘制一个宽170mm、高160mm的矩形，按【G】键拖曳填充从粉紫色（#E37A89）到紫色（#673A63）的线性渐变，如图10-235所示。

步骤02 在网页中搜索"在线艺术字生成"，选择一个网站打开，在【内容】文本框中输入要转换的文字，字体选择"毛笔招牌字体"，其他设置如图10-236所示，然后单击【在线转换】按钮。

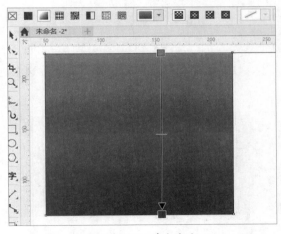

图 10-235　填充渐变

图 10-236　在线转换艺术字

步骤03 在生成的艺术字上右击，选择【复制图片】命令，如图10-237所示。切换到CorelDRAW中粘贴，在属性栏中的【描摹位图】下拉菜单中选择【轮廓描摹】→【高质量图像】命令，如图10-238所示。

图 10-237　复制生成的艺术字图片

图 10-238　描摹位图

步骤 04　在弹出的对话框中进行如图 10-239 所示的设置，单击【OK】按钮确认。再按住【Ctrl】键选择多余的白色图形，按【Delete】键删除，如图 10-240 所示。

图 10-239　设置描摹参数

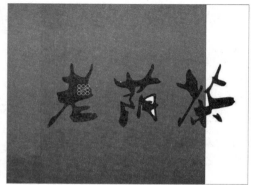

图 10-240　删除多余的图形

步骤 05　按快捷键【Ctrl+U】取消组合，分别框选三个字，按快捷键【Ctrl+L】合并成独立的文字图形，如图 10-241 所示。将文字竖排，调整大小，填充白色，如图 10-242 所示，然后再框选三个文字，按快捷键【Ctrl+L】合并成一个对象。

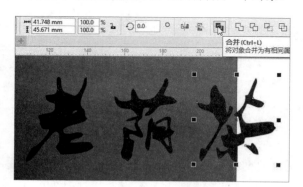

图 10-241　将每个字单独合并

图 10-242　调整文字图形

步骤 06　选择文字图形，拖曳任一对角点适当等比缩小，切换到【块阴影工具】，拖曳出块阴影，如图 10-243 所示。

步骤 07　在文字旁边绘制一个矩形，填充从#7B5629 到#BBA559 的渐变，如图 10-244 所示。再输入"解渴败火，凉血化食"八个字，竖排，选择一个书法字体，大小为12pt，填充浅黄色（#FFF3C0），再为矩形添加阴影，如图10-245所示。

图 10-243　添加块阴影

图 10-244　绘制矩形

图 10-245　添加广告词

步骤08　绘制茶杯图形。绘制一个椭圆，将轮廓加粗，按【F12】键，勾选"随对象缩放"复选框，如图10-246所示。再绘制一个椭圆作为茶船，用【3点曲线】工具 ⚐ 按住鼠标左键在曲线起始点拖曳，释放鼠标左键拖曳确定方向和曲度，如图10-247所示。继续绘制两条如图10-248所示的3点曲线。

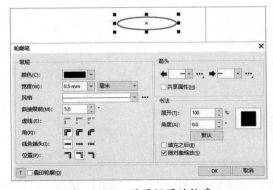

图 10-246　设置椭圆的轮廓

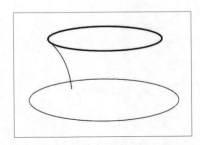

图 10-247　绘制3点曲线

步骤09　选择茶船椭圆，按快捷键【Ctrl+Q】转曲，按【F10】键切换到【形状工具】 ▶，在左右两侧如图10-249所示的位置双击添加节点。

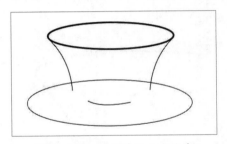

图 10-248　绘制其他3点曲线

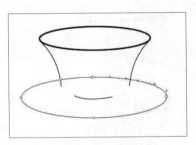

图 10-249　添加节点

步骤 10　选择新添加的两个节点，单击属性栏中的【断开曲线】按钮，如图 10-250 所示；再按快捷键【Ctrl+K】拆分曲线，选择茶杯后方的线删除，效果如图 10-251 所示。

图 10-250　断开曲线

图 10-251　删除线

步骤 11　按【I】键选择【艺术笔工具】，在属性栏中设置【笔触宽度】为 1mm，选择如图 10-252 所示的预设笔触。用【形状工具】选择茶船线，单击属性栏中的【反转方向】按钮，如图 10-253 所示。

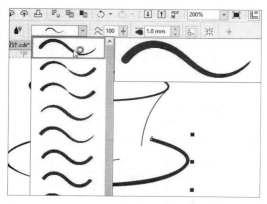

图 10-252　选择预设笔触

图 10-253　反转方向

步骤 12　用同样的方法处理其他几条线，并微调笔触宽度和节点位置，效果如图 10-254 所示。用【贝塞尔工具】和【形状工具】绘制几片茶叶，如图 10-255 所示。

图 10-254　处理其他线

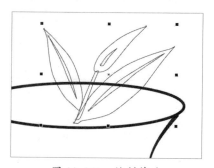

图 10-255　绘制茶叶

步骤 13　将除叶脉外的茶叶图形选中，单击属性栏中的【焊接】按钮 🖳，然后加选叶脉图形，按快捷键【Ctrl+L】合并，效果如图 10-256 所示。将杯口椭圆转曲，用【形状工具】 ↖ 在与叶脉相交的地方添加 4 个节点，然后框选这 4 个节点，单击属性栏中的【断开曲线】按钮 ┿┅，再用【形状工具】 ↖ 选择叶脉之间的线段，按【Delete】键删除，如图 10-257 所示。

图 10-256　焊接图形

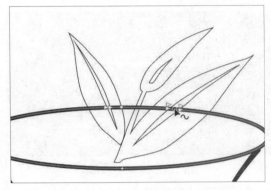

图 10-257　删除线段

步骤 14　选择整个茶杯图形填充为白色，描边为白色，按快捷键【Ctrl+G】组合后放于产品名称下方，调整大小和位置，效果如图 10-258 所示。

步骤 15　导入 Logo。按快捷键【Ctrl+I】导入"素材文件\第 10 章\食品 logo.ai"，等比缩小放于如图 10-259 所示的位置。

图 10-258　调整茶杯图形大小和位置

图 10-259　导入 Logo

步骤 16　添加规格。在茶船图形下方绘制一个矩形，按【G】键并按住鼠标左键在矩形上由左至右拖曳填充渐变，将起点颜色改为 #FFF3C0，将终点颜色改为 #BBA559，如图 10-260 所示。再绘制一个矩形与之居中对齐，输入文字"净含量：500mL"，填充褐色，在产品名称下方输入文字"红茶饮料"，填充浅黄色，如图 10-261 所示。

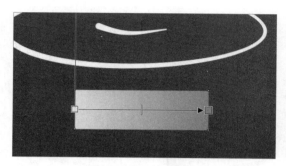

图 10-260　填充渐变

图 10-261　添加文字

步骤 17　将主体文字图形拖曳复制，然后解散并重新组合为横向，将品牌 Logo 复制到其左侧，如图 10-262 所示。

步骤 18　按【F8】键创建一个文本框，打开"素材文件\第 10 章\瓶标 .txt"，全选文字复制到文本框中，设置字体为黑体，大小为 6pt，切换到【选择工具】，拖曳文本框右下方的拉杆加大行间距，如图 10-263 所示。

步骤 19　添加标志。打开"素材文件\第 10 章\包装标识 .cdr"，将质量安全标志和保持清洁标志复制粘贴到文本框下方并填充为白色，如图 10-264 所示。

图 10-262　将主体文字改为横向

图 10-263　处理说明文本

图 10-264　添加标志

步骤 20　添加条形码。执行【对象】→【插入】→【条形码】命令，选择"EAN-13"，输入数字，直接单击两次【下一步】按钮即可插入条形码，将其缩小放置到文本框下方，如图 10-265 所示。

步骤 21　将图文设计选中复制两份，瓶贴展开图设计绘制完成，按【F4】键可最大化显示对象，按【F9】键可全屏预览，效果如图 10-266 所示。

图 10-265　插入条形码

图 10-266　饮料瓶贴展开图设计效果

10.6.2　效果图表现

步骤 01　按【F6】键绘制一个矩形，按快捷键【Ctrl+Q】转曲，按【F10】键切换到【形状工具】，在瓶肩处双击添加节点，然后将左上节点向右拖曳到瓶盖处，如图 10-267 所示。

步骤 02　用【形状工具】选择瓶肩线，单击属性栏中的【转为曲线】图标将其转为曲线，然后按住鼠标左键拖曳出一定弧度，如图 10-268 所示。在瓶肩转折点下方双击添加一个节点向左拖曳，将线段转为曲线，选择中间的节点，单击属性栏中的【对称节点】图标将其转为对称平滑节点，调整控制点，效果如图 10-269 所示。

图 10-267　编辑矩形

图 10-268　编辑瓶肩形状

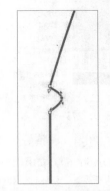

图 10-269　编辑瓶肩凹槽

步骤 03　在瓶腰处绘制一个小圆，如图 10-270 所示，然后按住【Shift】键加选瓶身，单击属性栏中的【移除前面对象】图标修剪出凹槽。再用处理瓶肩的方法将瓶底处理成如图 10-271 所示的形状。

步骤 04　按空格键切换到【选择工具】，按住【Ctrl】键拖曳左中定界点，在不释放鼠标左键的同时右击镜像复制图形，然后选择两个图形，单击属性栏中的【焊接】图标，瓶子的雏形就绘制出来了，如图 10-272 所示。

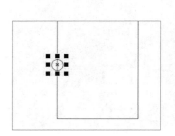
图 10-270　绘制小圆

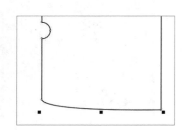
图 10-271　编辑瓶底形状

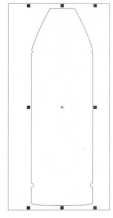
图 10-272　焊接图形

步骤 05　框选展开图的所有对象，按快捷键【Ctrl+G】组合，然后拖曳复制一个。在复制的对象上右击，选择【PowerClip 内部】命令，如图 10-273 所示，然后单击瓶子轮廓，效果如图 10-274 所示。按住【Ctrl】键单击瓶子轮廓调整展开图位置，如图 10-275 所示。

图 10-273　装入容器

图 10-274　装入容器效果

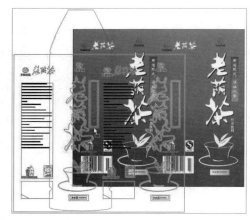
图 10-275　调整位置

步骤 06　调整好后单击左上角的【完成】按钮，如图 10-276 所示。选择瓶子图形，填充茶水颜色（#DA6606），如图 10-277 所示。

步骤 07　绘制一个矩形并转曲，按【F10】键切换为【形状工具】，在瓶肩与瓶身交界处双击添加节点，然后将上部的两点向中间移动为如图 10-278 所示的效果。

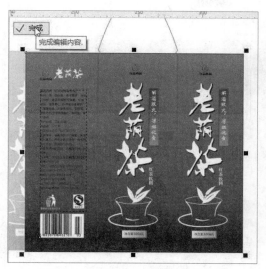

图 10-276　完成调整

图 10-277　填充茶水颜色

图 10-278　编辑矩形

步骤 08　将编辑后的矩形填充为任意颜色，用【阴影工具】□拖曳出阴影，在属性栏中将【阴影颜色】改为白色，【不透明】改为75，【羽化】改为5，如图10-279所示。然后执行【对象】→【拆分墨滴阴影】命令，用【选择工具】▶选择原图形，按【Delete】键删除，效果如图10-280所示。

步骤 09　选择白色阴影，执行【位图】→【转换为位图】命令，如图10-281所示，设置将其转换为位图。切换到【透明度工具】▧，按住鼠标左键从阴影的顶部拖曳到底部，如图10-282所示。

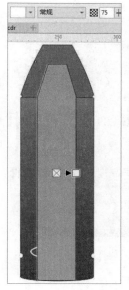
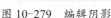

图 10-279　编辑阴影

图 10-280　删除原图形

图 10-281　转换为位图

图 10-282　添加线性透明

步骤 10　切换到【矩形工具】□，在瓶腰处捕捉节点和中心绘制一个矩形，如图10-283所示。按住【Shift】键加选瓶身，单击属性栏中的【相交】按钮┗，选择刚绘制的小矩形删除，选择相交的图形，右击并选择【提取内容】命令，如图 10-284 所示。

图 10-283　绘制矩形　　　　　　　　　　　图 10-284　提取内容

步骤 11　删除提取的内容，效果如图 10-285 所示。选择相交图形并填充黑色，右击调色板中的无色图标☑去除轮廓色，切换到【透明度工具】❀，添加均匀透明，将【透明度】改为 70，如图 10-286 所示。

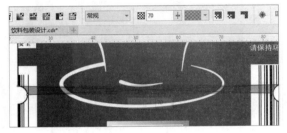

图 10-285　删除提取的内容　　　　　　　　　图 10-286　添加透明度

步骤 12　按住【Ctrl】键向下拖曳上中定界点，不释放鼠标左键的同时右击镜像复制图形，然后填充为白色，如图 10-287 所示。

步骤 13　框选两个图形，执行【位图】→【转换为位图】命令，效果如图 10-288 所示。

图 10-287　镜像复制并填充为白色　　　　　　图 10-288　转换为位图

步骤 14　在瓶子底部绘制一个矩形，填充白色并去除轮廓色，如图 10-289 所示。切换到【透明度工具】❀，添加渐变透明，如图 10-290 所示。

图 10-289　绘制白色矩形　　　　　　　　　图 10-290　添加渐变透明

步骤 15　单击属性栏中的【编辑透明度】图标❀，在弹出的对话框中双击添加一个色标，并将【透明度】设置为 0%，如图 10-291 所示；接着选择第三个色标，将【透明度】设置为 100%，然后单击【OK】按钮，效果如图 10-292 所示。

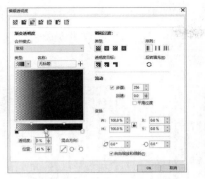

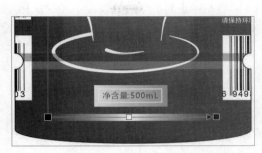

图 10-291　编辑透明度　　　　　　　　图 10-292　编辑透明度效果

步骤 16　绘制瓶盖。绘制一个矩形，用【形状工具】↖圆角，如图 10-293 所示。按【F11】键编辑渐变。双击添加一个色标，将颜色改为白色，分别将两侧的色标改为 30% 的灰色，如图 10-294 所示，单击【OK】按钮，效果如图 10-295 所示。

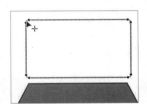

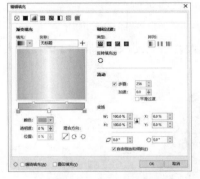

图 10-293　圆角矩形　　　　　图 10-294　编辑渐变填充　　　　　图 10-295　渐变填充效果

步骤 17　绘制瓶颈。在瓶肩与瓶盖处绘制一个小矩形填充茶水颜色并添加一个【均匀透明度】🔲，然后将瓶盖、瓶身、瓶颈去除轮廓色，效果如图 10-296 所示。

步骤 18　绘制一个略宽于瓶盖的矩形，按【G】键从矩形左侧拖曳到右侧填充渐变，两端填充 40% 灰，中间填充 10% 灰，如图 10-297 所示。

步骤 19　按【F5】键切换到【手绘线工具】🖉，捕捉节点绘制线段，在属性栏中设置【轮廓宽度】🖋 为 0.1mm，轮廓色为黑色；复制到瓶盖中点，设置【轮廓宽度】🖋 为 0.2mm，轮廓色为 40% 灰色，如图 10-298 所示。

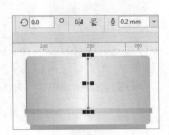

图 10-296　绘制瓶颈　　　　　图 10-297　绘制矩形并填充　　　　　图 10-298　绘制两条线

步骤 20 切换到【调和工具】 ✎ ，从细线拖曳到粗线，如图 10-299 所示。按空格键切换到【选择工具】↖ ，将左中定界框向右拖曳，不释放鼠标左键的同时右击，镜像复制效果如图 10-300 所示。至此，饮料瓶正面效果图已经绘制完毕。

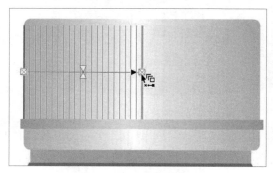

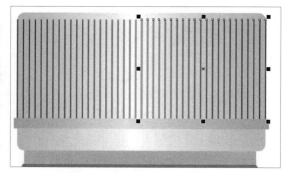

图 10-299 调和两条线   图 10-300 镜像复制

步骤 21 绘制背面效果图。框选瓶拖曳复制一个，如图 10-301 所示，再按住【Ctrl】键编辑内容，将背面图形位置拖曳到瓶中间，如图 10-302 所示，右击并选择【完成编辑 PowerClip】命令。至此，饮料包装展开图及效果图设计绘制完成，按【F4】键可最大化显示，按【F9】键可全屏预览，效果如图 10-303 所示。

图 10-301 复制瓶子   图 10-302 编辑 PowerClip

图 10-303 饮料包装设计展开图及效果图

CorelDRAW 也可以作为样机使用，如本案例和 10.5 节的案例就可分别作为宝特瓶类包装和袋类包装样机。只需将原包装设计图提取出来，然后装入新的包装设计图即可。

步骤 01 导入"素材文件\第 10 章\梨汁.jpg"，复制瓶子效果图到新文件，在瓶子效果图上右击并选择【提取内容】命令，如图 10-304 所示，然后删除。

步骤 02 按住鼠标左键拖曳"梨汁.jpg"到瓶子，将新瓶贴装入容器。然后右击并选择【编辑 PowerClip】命令将瓶贴位置调好，如图 10-305 所示，再右击并选择【完成编辑 PowerClip】命令。

图 10-304 提取内容后删除

图 10-305 装入新的瓶贴并调整位置

步骤 03 用同样的方法处理背面，如图 10-306 所示，选择瓶子图形并调整为果汁的颜色，最终效果如图 10-307 所示。

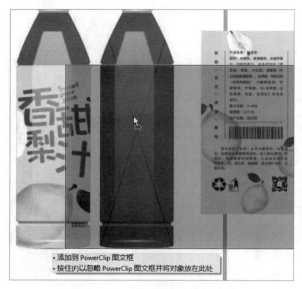

图 10-306 将瓶贴背面装入容器

图 10-307 样机应用效果

CorelDRAW 2022

1. CorelDRAW【工具】快捷键

快捷键	工具或作用	快捷键	工具或作用
F5	手绘工具	F6	矩形工具
F7	椭圆形工具	F8	文本工具
F10	形状工具	Y	多边形工具
G	交互式填充工具	M	网状填充工具
X	橡皮擦	H	平移工具
D	图纸工具	Z	缩放工具
I	艺术笔工具	A	螺纹工具
Shift+S	智能绘图	S	LiveSketch 工具
空格键	切换到选择/当前工具		

2. CorelDRAW【文件】命令快捷键

快捷键	工具或作用	快捷键	工具或作用
Ctrl+N	新建文件	Ctrl+O	打开文件
Ctrl+S	保存文件	Ctrl+I	输入图像
Ctrl+E	输出图像	Ctrl+P	打印文件
Alt+F4	退出文件		

3. CorelDRAW【编辑】命令快捷键

快捷键	工具或作用	快捷键	工具或作用
Ctrl+V	粘贴	Ctrl+ Shift+V	粘贴到视图
Ctrl+X	剪切	Ctrl+C	复制
Ctrl+Z	撤销	Ctrl+Shift+Z	重做
Ctrl+R	重复上一个动作	Ctrl+D	再制
Ctrl+F	查找替换	Delete	删除对象
Ctrl+A	选取所有对象		

4. CorelDRAW【查看】命令快捷键

快捷键	工具或作用	快捷键	工具或作用
Z/F2/Ctrl++	放大（按【Shift】键，可切换成缩小工具）	F3/Ctrl+-	缩小（缩小到原来的一半）

续表

快捷键	工具或作用	快捷键	工具或作用
F4	显示全部对象	Shift+F2	选定对象最大化显示
Shift+F4	缩放到页面大小	F9	全屏预览
Alt+Shift+R	显隐标尺	Alt+Shift+A	对齐辅助线
Alt+Shift+D	显隐动态辅助线	Alt+Z	贴齐对象
Alt+Y	贴齐文档网格	Alt+Q	关闭贴齐

5. CorelDRAW【对象】命令快捷键

快捷键	工具或作用	快捷键	工具或作用
T	上对齐	B	下对齐
R	右对齐	L	左对齐
E	上下居中对齐	C	左右居中对齐
P	页面中心对齐选定对象	Shift+T	顶分布
Shift+B	下分布	Shift+R	右分布
Shift+L	左分布	Shift+E	水平居中分布
Shift+C	垂直居中分布	Alt+S	创建对称
Alt+Ctrl+E	编辑对称	Alt+Shift+E	完成编辑对称
Alt+Shift+S	移除对称	Alt+X	断开对称链接
PgDn	显示多页面文件中的下一个页面	PgUp	显示多页面文件中的前一个页面
Ctrl+PgDn	移到相邻对象的下面	Ctrl+PgUp	移到相邻对象的上面
Shift +PgDn	到最后面	Shift +PgUp	到最前面
Ctrl+Home	到页面前面	Ctrl+End	到页面后面
Ctrl+G	组合对象	Ctrl+U	解散组合对象
Ctrl+L	合并对象	Ctrl+K	拆分对象
Ctrl+Q	转换为曲线	Ctrl+Shift+Q	将轮廓转换为对象

6. CorelDRAW【泊坞窗】快捷键

快捷键	工具或作用	快捷键	工具或作用
Alt+Enter	属性	Alt+F3	透镜

续表

快捷键	工具或作用	快捷键	工具或作用
Alt+F7	移动变换	Alt+F8	切换到旋转面板
Alt+F9	切换到缩放和镜像面板	Alt+F10	切换到大小面板
Ctrl+F2	视图	Ctrl+F3	符号
Ctrl+F5	对象样式	Ctrl+F6	颜色样式
Ctrl+F7	封套	Ctrl+F9	轮廓图
Ctrl+F11	字形	Ctrl+Shift+A	对齐与分布
Ctrl+ Shift+D	步长和重复	Ctrl+T	文本
Alt+Shift+F11	脚本		

7. CorelDRAW【其他】快捷键

快捷键	工具或作用	快捷键	工具或作用
F11	编辑渐变填充	Shift+F11	编辑均匀填充
F12	轮廓笔	Shift+F12	轮廓颜色
Ctrl+Shift+T	打开【编辑文本】对话框	Ctrl+F8	将美术文字转换为段落文字，反之亦然
Alt+F12	对齐至基线	Ctrl+J	打开【选项】对话框
Ctrl+W	刷新窗口	Ctrl+F4	关闭窗口

CorelDRAW 2022

为了强化学生的上机操作能力，安排以下上机实训项目，老师可以根据教学进度与教学内容，合理安排学生上机训练操作的内容。

实训一：绘制 CD 包装

在 CorelDRAW 2022 中，制作如图 B-1 所示的"CD 包装"效果。

素材文件	无
结果文件	上机实训\结果文件\CD 包装.cdr

图 B-1　CD 包装

操作提示

本例主要使用钢笔工具、填充命令、椭圆形工具、PowerClip 内部命令，操作步骤如下。

（1）使用钢笔工具绘制图形并填充，拖曳复制一份。

（2）使用椭圆形工具绘制同心圆并合并，绘制一个矩形。

（3）右键拖曳图形到圆环上，在弹出的命令里选择【PowerClip 内部】命令，加上阴影。如法炮制，将另一份图形【PowerClip 内部】到矩形中。

实训二：绘制 Q 版人物

在 CorelDRAW 2022 中，制作如图 B-2 所示的"Q 版人物"效果。

素材文件	无
结果文件	上机实训\结果文件\Q 版人物.cdr

图 B-2　Q 版人物

操作提示

本例主要使用勾填法，即用钢笔工具或贝塞尔工具勾出形状，然后再填充，辅以排序、轮廓笔等命令即可完成，主要操作步骤如下。

（1）用钢笔工具、椭圆形工具绘制人物的帽子和面部并填充。

（2）用贝塞尔工具绘制人物的身子与脚。

（3）调整图形顺序，微调大小比例。

实训三：地产展架广告设计

在 CorelDRAW 2022 中，制作如图 B-3 所示的"地产展架"效果。

素材文件	上机实训\素材文件\地产标志.cdr，花纹.cdr，美女.cdr，沙发.cdr
结果文件	上机实训\结果文件\地产展架.cdr

图 B-3　地产展架

┌─ 操作提示 ─┐

本例主要使用导入、文字、PowerClip 内部命令，操作步骤如下。

（1）绘制一个矩形，将前三个素材文件导入并摆好位置。

（2）创建文字并调整大小，左对齐。

（3）绘制一个曲线图形并镜像，然后右键拖曳到"风尚空间"文本对象上，在弹出的命令里选择【PowerClip 内部】命令。

（4）将沙发素材导入且镜像复制一个，并用透明工具调整透明度。

实训四：绘制彩色苹果标志

在 CorelDRAW 2022 中，制作如图 B-4 所示的"彩色苹果标志"效果。

素材文件	无
结果文件	上机实训\结果文件\彩色苹果标志.cdr

图 B-4　彩色苹果标志

┌─ 操作提示 ─┐

本例使用钢笔工具、智能填充工具、渐变填充工具、整形命令，主要操作步骤如下。

（1）用钢笔工具勾出图形左侧的曲线，再镜像复制右侧的曲线。

（2）用智能填充工具填充图形。

（3）在右侧绘制一个圆形并将其修剪。

（4）填充渐变并设置七彩渐变，将步长设为 6。

实训五：绘制工作证

在 CorelDRAW 2022 中，制作如图 B-5 所示的"工作证"效果。

素材文件	上机实训\素材文件\标志.cdr
结果文件	上机实训\结果文件\工作证.cdr

图 B-5 工作证

操作提示

本例使用钢笔工具、渐变填充工具、文本工具，主要操作步骤如下。

（1）绘制两个矩形，在下方填充从蓝色到深蓝色的渐变。

（2）用钢笔工具绘制上面的夹子。

（3）绘制贴照片处并输入文字。

（4）导入素材并调整。

实训六：绘制孔雀标志

在 CorelDRAW 2022 中，制作如图 B-6 所示的"孔雀标志"效果。

素材文件	无
结果文件	上机实训\结果文件\孔雀标志.cdr

图 B-6 孔雀标志

操作提示

本例先绘制圆形并使用形状工具修改圆形，再复制并旋转图形，最后绘制鸟嘴，主要操作步骤如下。

（1）绘制圆形转曲，用形状工具调整下部形状。

（2）移动中心并旋转再制 5 个图形，填充不同的颜色。

（3）绘制鸟嘴并修剪。

实训七：绘制快门标志

在 CorelDRAW 2022 中，制作如图 B-7 所示的"快门标志"效果。

素材文件	无
结果文件	上机实训\结果文件\快门标志.cdr

图 B-7　快门标志

操作提示

　　本例使用椭圆形工具、矩形工具、3 点椭圆形工具、智能填充工具，旋转变换面板，主要操作步骤如下。

　　（1）绘制外圆内方的图形并对齐中心，再捕捉节点绘制 3 点椭圆弧。

　　（2）将椭圆弧的中心移到圆心，在旋转面板里再复制三个，然后删除正方形。

　　（3）智能填充后再改为渐变填充。

实训八：绘制杂志封面

　　在 CorelDRAW 2022 中，制作如图 B-8 所示的"杂志封面"效果。

素材文件	上机实训\素材文件\美女.jpg
结果文件	上机实训\结果文件\杂志封面.cdr

图 B-8　杂志封面

操作提示

本例使用裁剪工具、文本工具、变形工具，主要操作步骤如下。

（1）导入素材并裁剪。

（2）输入文字并编辑字体、大小、颜色、对齐方式。

（3）绘制辅助图形并圆角或拉链变形。

实训九：制作图形文字

在CorelDRAW 2022 中，制作如图B-9所示的"图形文字"效果。

素材文件	上机实训\素材文件\茶.jpg
结果文件	上机实训\结果文件\图形文字.cdr

图 B-9   图形文字

操作提示

本例使用文本工具、钢笔工具和导入命令，主要操作步骤如下。

（1）创建文字，将其转曲，删除中间的笔画。

（2）绘制两片树叶并填充绿色渐变。

（3）导入素材放于底部。

实训十：制作弧线文字

在CorelDRAW 2022 中，制作如图B-10所示的"弧线文字"效果。

素材文件	上机实训\素材文件\儿童.jpg
结果文件	上机实训\结果文件\弧线文字.cdr

图 B-10　弧线文字

本例使用文字适合路径命令，主要操作步骤如下。

（1）导入素材，在上方空白处绘制两条弧线。

（2）输入文字，编辑字体与颜色，然后将文字适合路径。

（3）为文字添加阴影效果。

CorelDRAW 2022

（全卷：100分 答题时间：120分钟）

一、单项选择题（每题1分，共30小题，共计30分）

1. 在CorelDRAW中旋转对象锁定15°倍数需按住（ ）键。

A. Ctrl B. Alt C. Shift D. Tab

2. 使用以下工具中的（ ）工具能绘制等腰梯形。

A. 基本形状 B. 箭头形状 C. 标题形状 D. 标注形状

3. A4纸的尺寸是（ ）。

A. 230mm×297mm B. 235mm×290mm C. 210mm×295mm D. 210mm×297mm

4. 在CorelDRAW中减选需按住（ ）键。

A. Ctrl B. Alt C. Shift D. Tab

5. 转为曲线的快捷键是（ ）。

A. Ctrl+H B. Ctrl+G C. Ctrl+Q D. Alt+Q

6. 以下哪种情况需要把节点转换为尖突。（ ）

A. 为了使路径经过节点时尽量平滑 B. 为了同时操作多个节点

C. 为了让节点只有一端的形状被调整 D. 为了让节点两端的形状被调整

7. 位图的分辨率越高，图形就越（ ）。

A. 颜色鲜亮 B. 清晰度高 C. 颜色灰暗 D. 模糊

8. 鱼眼可以制作放大镜的效果，鱼眼属于（ ）工具。

A. 透镜 B. 对齐与分布 C. 颜色模式 D. 位图三维特效

9. 若要引线标注材质工艺，可以使用（ ）工具。

A. 平行度量 B. 2边标注 C. 线段度量 D. 角度尺度

10. CorelDRAW文件的扩展名是（ ）。

A. cdr B. jpg C. png D. bmp

11. 按【Ctrl+PgUp】组合键可以直接将选中的对象（ ）。

A. 向下移一层 B. 向上移一层 C. 移到图层的顶部 D. 移到对象的上面一层

12. 将多个对象的奇数重叠区域镂空的命令是（ ）。

A. 焊接 B. 修剪 C. 相交 D. 合并

13.【透明度工具】的透明类型、使用方法与（ ）工具基本相同。

A. 调和工具 B. 变形工具 C. 封套工具 D. 交互式填充工具

14. 使用形状工具调整（ ）时，调整一条边的形状，其他边会随之改变。

A. 星形 B. 多边形 C. 椭圆 D. 矩形

15.（ ）模式常用于图像的打印输出与印刷。

A. CMYK B. RGB C. HSB D. Lab

16. 使用（ ）工具可以给文字和对象添加多层轮廓。

A. 调和 B. 轮廓图 C. 立体化 D. 变形

17. 放大后图像会失真的图像格式是（　　　）。

A. 矢量图形　　　　　B. 位图图像　　　　　C. 两者皆会　　　　　D. 两者皆不会

18. 让多个物体左右居中应按（　　　）键。

A. L　　　　　B. B　　　　　C. C　　　　　D. E

19. 在 CorelDRAW 中，切换到艺术笔工具应按（　　　）键。

A. I　　　　　B. B　　　　　C. F5　　　　　D. X

20. 对段落文本使用封套，结果是（　　　）。

A. 段落文本转为美术文本　　　　　B. 文本转为曲线

C. 文本框形状改变　　　　　D. 没作用

21. CorelDRAW 中粗微调的快捷键是（　　　）。

A. 方向键　　　　　B. Shift+方向键　　　　　C. Ctrl+方向键　　　　　D. Alt+方向键

22. 在 CorelDRAW 中将段落文字与美术文字互相转换的快捷键是（　　　）。

A. Ctrl+F8　　　　　B. F8　　　　　C. Shift +F8　　　　　D. Alt +F8

23. 在 CorelDRAW 中拆分的快捷键是（　　　）。

A. Ctrl+L　　　　　B. Ctrl+G　　　　　C. Ctrl+U　　　　　D. Ctrl+K

24. 在 CorelDRAW 中切换到形状工具的快捷键是（　　　）。

A. F12　　　　　B. F11　　　　　C. F10　　　　　D. F9

25. 在 CorelDRAW 中将轮廓转换为对象的快捷键是（　　　）。

A. Ctrl+Q　　　　　B. Shift+Ctrl+Q　　　　　C. Alt+Q　　　　　D. Alt+Shift+Ctrl+Q

26. 在 CorelDRAW 中，导入、导出的快捷键分别是（　　　）。

A. Ctrl+I，Ctrl+E　　　　　B. Ctrl+E，Ctrl+I　　　　　C. Ctrl+D，Ctrl+E　　　　　D. Ctrl+E，Ctrl+D

27. 在 CorelDRAW 中，调出选项设置对话框的快捷键是（　　　）。

A. Ctrl+K　　　　　B. Ctrl+J　　　　　C. Ctrl+Q　　　　　D. Ctrl+W

28. 在 CorelDRAW 中，调出图纸工具的快捷键是（　　　）。

A. A　　　　　B. Y　　　　　C. D　　　　　D. H

29. 在 CorelDRAW 中如何复制对象属性？（　　　）

A. 拖曳鼠标左键到对象上，然后在弹出的菜单中选择【复制所有属性】命令

B. 拖曳鼠标右键到对象上，然后在弹出的菜单中选择【复制所有属性】命令

C. 拖曳鼠标滚轮到对象上，然后在弹出的菜单中选择【复制所有属性】命令

D. 同时拖曳左右键到对象上，然后在弹出的菜单中选择【复制所有属性】命令

30. 在 CorelDRAW 中，能将位图转为矢量图的是（　　　）命令。

A. 编辑位图　　　　　B. 重取样位图　　　　　C. 裁剪位图　　　　　D. 描摹位图

二、多项选择题（每题 2 分，共 9 小题，共计 18 分）

1. 以下是 CorelDRAW 2022 透视类型的是（　　　）。

A. 鹰眼视图　　　　　B. 虫眼视图　　　　　C. 鸟瞰视图　　　　　D. 鱼眼视图

2. 形状泊坞窗可对对象造形修改的方式包括（　　　　）。

A. 扭曲　　　　　　　　B. 焊接　　　　　　　　C. 修剪　　　　　　　　D. 相交

3. CorelDRAW 中不能进行调和的对象有（　　　　）。

A. 组合对象　　　　　　B. 艺术笔对象　　　　　C. 网状填充对象　　　D. 位图

4. 下面关于阴影工具说法正确的是（　　　　）。

A. 可以改变阴影颜色　　　　　　　　　　B. 可以改变阴影羽化效果

C. 可以任意改变阴影形状　　　　　　　　D. 可以将阴影与对象分离

5. 能够调出字形泊坞窗的方法有（　　　　）。

A. 按快捷键【Ctrl+F11】　　　　　　　　B. 单击【窗口】→【泊坞窗】→【字形】菜单

C. 按快捷键【Ctrl+T】　　　　　　　　　D. 单击【文本】→【字形】菜单

6. 以下能调整单个颜色的命令有哪些？（　　　　）

A. 颜色平衡　　　　　B. 色相/饱和度/亮度　　C. 替换颜色　　　　　D. 所选颜色

7. 在 CorelDRAW 2022 中，下列哪些方法能裁切图形？（　　　　）

A. 使用裁剪工具　　　B. 形状工具　　　　　　C. PowerClip 内部　　D. 刻刀工具

8. 以下属于三维效果滤镜组的滤镜有（　　　　）。

A. 马赛克　　　　　　B. 锯齿形　　　　　　　C. 挤远/挤近　　　　　D. 立体派

9. 以下属于杂点滤镜组的滤镜有（　　　　）。

A. 去除龟纹　　　　　B. 散开　　　　　　　　C. 晶体化　　　　　　　D. 中值

三、填空题（每空 1 分，共 11 小题，共计 20 分）

1. CorelDRAW 2022 中，插入条形码或二维码的命令在＿＿＿＿＿菜单下。

2. 绘制一个正圆形或正方形需要按住＿＿＿＿＿键，以起点为中心点绘制图形需要按住＿＿＿＿＿键。

3. 打开透镜泊坞窗的快捷键是＿＿＿＿＿。

4. 在 CorelDRAW 2022 中 2 点线工具有＿＿＿＿种模式，B 样线有＿＿＿＿种控制点，冲击效果工具有＿＿＿＿种效果样式。

5. 螺纹的回圈之间间距不相等的是＿＿＿＿＿螺纹。

6. 全屏预览的快捷键是＿＿＿＿＿。

7. 将选中对象最大化显示的快捷键是＿＿＿＿＿，将页面最大化显示的快捷键是＿＿＿＿＿。

8. 出血一般为＿＿＿＿＿毫米。

9. 在 CorelDRAW 中节点的三种形式是＿＿＿＿＿、＿＿＿＿＿、＿＿＿＿＿。

10. 在 CorelDRAW 2022 中有＿＿＿＿＿调色板和＿＿＿＿＿调色板。

11. CMYK 模式中 M 代表＿＿＿＿色，RGB 模式中 B 代表＿＿＿＿色，Lab 模式中 L 代表＿＿＿＿。

四、判断题（每题 1 分，共 20 小题，共计 20 分）

1. CorelDRAW 软件主要应用于修饰照片、平面动画设计等领域。　　　　　　　　　（　　　）

2. 在制作圆角矩形前应先将矩形图形转为曲线。　　　　　　　　　　（　　　）

3. CorelDRAW 2022 中的图形使用虚拟段删除，即使不焊接为封闭图形也可以填色。（　　　）

4. 矢量图是由高清像素构成的，放大后也不会模糊。　　　　　　　　（　　　）

5. CorelDRAW 2022 块阴影被拆分后仍可修改颜色。　　　　　　　　（　　　）

6. 在 CorelDRAW 2022 中任意形状不能圆角。　　　　　　　　　　（　　　）

7. 要设置虚线样式，可以按【F10】键打开【轮廓笔】对话框，在对话框中选择虚线样式。

　　　　　　　　　　　　　　　　　　　　　　　　　　　　　　（　　　）

8. 使用立体化工具可以为对象创建立体效果。　　　　　　　　　　　（　　　）

9. 双击工具箱中的矩形工具按钮可以得到一个与页面相同大小的矩形。（　　　）

10. 在 CorelDRAW 中可以直接打开照片文件。　　　　　　　　　　（　　　）

11. 低版本 CorelDRAW 能打开高版本的文件。　　　　　　　　　　（　　　）

12. 调和工具可以调和图形的颜色，但不能调和图形的形状。　　　　（　　　）

13. 文字转换为曲线后，还可以修改文字内容、字体。　　　　　　　（　　　）

14. 在 CorelDRAW 2022 中【添加透视点】命令对矢量图和位图都起作用。（　　　）

15. 在 CorelDRAW 中不能自定义快捷键。　　　　　　　　　　　　（　　　）

16. 在 CorelDRAW 的绘图区任意位置都能绘图，但只有页面范围内才能打印并印刷出来。

　　　　　　　　　　　　　　　　　　　　　　　　　　　　　　（　　　）

17. 在 CorelDRAW 2022 中可以标注直径或半径。　　　　　　　　（　　　）

18. 文字没有显示完的段落文本也能转换为美术文本。　　　　　　　（　　　）

19. 两个位图也能进行调和。　　　　　　　　　　　　　　　　　　（　　　）

20. A4 尺寸比 A5 小。　　　　　　　　　　　　　　　　　　　　（　　　）

五、简答题（每题 4 分，共 3 小题，共计 12 分）

1. 在 CorelDRAW 中有几种矩形工具？如何精确绘制矩形？如何绘制与页面等大的矩形？

2. 简述变形工具的类型及使用方法。

3. 在 CorelDRAW 2022 中创建表格有哪些方法?